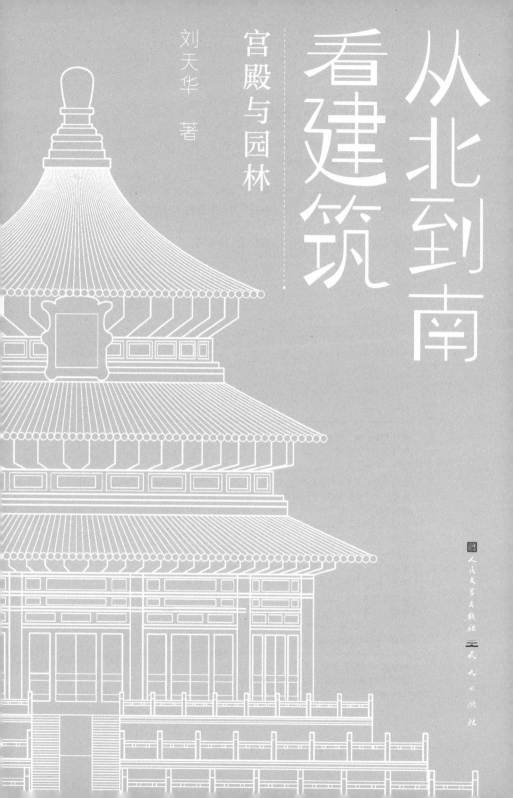

从北到南看建筑

宫殿与园林

刘天华 著

**图书在版编目（CIP）数据**

从北到南看建筑：宫殿与园林 / 刘天华著. -- 北京：天天出版社，2022.6

ISBN 978-7-5016-1867-5

Ⅰ. ①从… Ⅱ. ①刘… Ⅲ. ①宫殿－古建筑－建筑艺术－中国－青少年读物②古典园林－园林建筑－中国－青少年读物 Ⅳ. ①TU-092.2

中国版本图书馆CIP数据核字(2022)第073047号

责任编辑：董 蕾　　　　　　　　　美术编辑：邓 茜

责任印制：康远超　张 璞

出版发行：天天出版社有限责任公司

地址：北京市东城区东中街42号　　　　邮编：100027

市场部：010-64169902　　　　　　　传真：010-64169902

网址：http://www.tiantianpublishing.com

邮箱：tiantiancbs@163.com

印刷：北京博海升彩色印刷有限公司　　经销：全国新华书店等

开本：880×1230　1/32　　　　印张：4.75

版次：2022年6月北京第1版　　印次：2022年6月第1次印刷

字数：75千字　　　　　　　　　印数：1-18,000 册

书号：978-7-5016-1867-5　　　　　定价：30.00 元

# 目 录

中国建筑文化之奇

建筑是人类创造的最值得自豪的文明之一。它既是生活中必不可少的实用设施，又是巨大的艺术作品，从人类文明开创的那一天起，建筑就同文化密切联系在一起。在世界的各个角落，有相当多的古代文化因为凝聚在建筑上而得以保留到现在。埃及的金字塔，古希腊的神庙，古罗马的纪功柱和凯旋门，美洲玛雅人、印加人的金字塔和神庙，中世纪欧洲的教堂……这些举世闻名的建筑既是劳动改造世界的丰碑，又是思想文化的结晶。它们以琳琅多姿、感人肺腑的形象写下了一部永不磨灭的人类文明史。

中华民族有着悠久的古代文明，在上下五千年的历史跨度中，我们的祖先也同样创造了极为光辉灿烂的建筑文化。可以说，散布在祖国大地上形形色色的古代奇构巧筑，是我们民族用木与石写成的历史。那一间间殿廷庙堂，那一座座佛塔楼观，甚至那山崖旁、江河边遗留的断墙残壁、颓垣荒冢，都是古代文明活生生的见证。

以探索古代文化奥秘为主题的综合性文化活动正方兴未艾。作为中华文化一大内容的古代建筑艺术，很自然地受到世界人民的重视。请看几个外国旅游者的留言：

"我们如果不到故宫一看，简直可以说是没有到过中国。"

"中国的建筑既神秘又舒适，我们如同到了一个神秘的王国，真是妙不可言。"

"我曾去过梵蒂冈、法国巴黎、英国伦敦及北欧几个国家，但那里的宫殿和教堂都没有这里的奇异和美丽。"

那么，被人们称为妙不可言，既神秘又美丽的中国古建

故宫

筑到底奇在哪里呢？

## 独特的历史延续

中国古建筑伴随着古老的中华文明，有着近五千年的延续不断的历史，这在世界建筑文化中是独一无二的，这本身便是一个奇迹。我国建筑界著名的前辈学者梁思成教授曾写过《我国伟大的建筑传统与遗产》一文，文章一开始便说："历史上每一个民族的文化都产生了它自己的建筑，随着这文化而兴盛衰亡。世界上现存的文化中，除去我们的邻邦印度的文化可算是约略同时诞生的弟兄外，中华民族的文化是最古老、最长寿的。我们的建筑同样也是最古老、最长寿的体系。在历史上，其他与中华文化约略同时，或先或后形成的文化，如埃及、巴比伦，稍后一点的古波斯、古希腊，以及更晚的古罗马，都已成为历史陈迹。而我们的中华文化则血脉相承，蓬勃地滋长发展，四千余年，一气呵成。"

还有一些中外学者在介绍中国建筑时，也喜欢谈论整个中华文化，强调它的古老和连续相继的发展。英国建筑史家安德罗·博伊德对中国文化连绵不断颇为推崇，他认为中国文化是不受外来干扰而独立发展的："从公元前十五世纪左右的铜器时代一直到最近的一个世纪，在发展的过程中始终保持连续不断、完整和统一。"中国建筑便是这种文化的一个典型组成部分，"很早就发展了自己独有的性格。这个程度不寻常的体系相继相承地绵延着，到了二十世纪还或多或少地保持着一定的传统"。正是这种一气呵成的连续性，赋予了中国建筑神秘奇妙的个性特色。

例如，作为中国古建筑主要结构形式的木构架系统，在原始社会晚期的一些建筑遗址中，就已发现了它的雏形，并且这种建筑形式一直延续到清代。又如夯（hāng）土台基夯土墙，曾经是先秦奴隶社会建筑的主要方式，直到近代，从西北黄土高原的民居，到福建客家人的土楼，仍被广泛使用。再说长城，自从秦始皇把北方赵、燕、齐、秦等国的长城串联起来重修之后，大凡改朝换代新登基的帝王，多会调集劳役，重修一番。今天横贯北方的万里长城，也正是明代在秦、汉长城的基础上重修的。这一独特的建筑文化现象就好比是有人总忘不了孩提时做过的游戏，于是在他的成长道路上便会常常下意识地去重复它、改进它，直到耋耄之年，这怎能不使人惊叹！

对于建筑文化的这一特色，有不少人曾从消极的一面来评论它，认为这是中国建筑陈陈相因、停滞不前的表现。例如美国艺术史家 L. 锡克曼和 A. 沙勃就说过："中国生活方式一贯的主要特点就是传统主义和反对改革，他们的建筑史最生动地证明了这一点。"这两位学者说的似乎颇有些道理，但是他们只看到问题的一个方面。的确，作为中国千年来主导思想的儒家学说有其保守中庸的一面，然而，一种文化、一种建筑形式，或者说建筑体系能够经历数千年的历史而不衰亡，无论如何也说明了它的价值。它经得起任何冲击和考验，它的优越性已被千百万人

秦长城

所普遍接受。比起那些昙花一现式的建筑风格、建筑流派来，它在历史长河中积累的丰富知识和宝贵经验是无与伦比的。

## 飞檐翘角之谜

当你游遍了大江南北众多的古迹名胜之后，当你仔细观赏了拍摄精美的国内外风光电影之后，在脑海里很可能会浮现出这样一个问题：为什么在我国古建筑中看不到西方古典建筑中常有的圆形的或葱头形的穹隆顶，看不到屋顶坡度很陡的尖塔？的确，如同东方人和西方人的外貌主要特征差异集中体现在头部一样，屋顶——这一很形象的建筑之首——也集中反映出中国和西方建筑不同的风神情调来。与西方建筑穹隆形、三角形等向上凸起的屋顶相反，我国古建筑的屋顶是微微向上反曲的，形成十分柔和、好看的凹曲线，而屋檐的相交处常常突然地翘得很高，形成造型很特殊的屋角。这种别致的飞檐翘角和反曲屋面，已成为东方建筑最强烈的个性，在世界建筑文化中别树一帜，久放异彩。

我国古代历来都很重视屋顶在建筑中的作用，从现在已发掘保留的原始建筑遗迹来看，创造一个能遮风避雨、好看一点的屋顶确实是建筑中的重要部分。只要看看一幅古建筑的照片或者立面图，就能发现屋顶在画面上的比重每每压倒建筑的其他部分。这也是人们常常描绘、歌吟建筑屋顶的主要原因。西周时，在《诗经·小雅·斯干》中，人们这样唱道："筑室百堵……如跂（qí）斯翼，如矢斯棘，如鸟斯革，如翚（huī）斯飞……"歌中将屋脊比作凌厉的箭头，将屋面比作振翅欲飞的大鸟的双翼。到两汉时期，古籍中描绘建筑屋顶的文字就更多了。班固在《西都赋》中所写的长安宫殿，就已经是"上反宇以盖戴，激日景（影）而纳光"了。三国时魏国韦诞的《景福殿赋》中也有"伏应龙于反宇"之句，"反宇"便是反曲向上的屋面。"檐牙高啄……钩心斗角"，这是唐诗人杜牧《阿房宫赋》中的名句，原意是描绘古建筑飞檐翘角、层层叠叠的雄伟气势，后来竟然变成了经常使用的成语。到宋代，建筑屋顶曲线发展到最成熟的阶段，一个屋顶上几乎找不到一条直线，这种以曲线为美的传统一直影响到明清时期。由此看来，中国古建筑一直在房屋最高的部分追求着曲线的性格：汉魏的古拙，唐辽的遒劲，两宋的舒展，明清的严谨。

　　古建筑不同寻常的反曲屋面，它那奇特的美学个性之成因一直是建筑学家们感兴趣的问题。由于在古代文献中找不到反曲屋面形成的原因和直接作用，学术界议论纷纷，被称为"中国屋顶之谜"。近代日本建筑史家伊东忠太曾多次到中国考察，是研究中国建筑的专家，也是力图解开中国屋顶之谜的第一人。他在《中国建筑史》一书中归纳了反曲屋面的几种成因：一是帐幕说，伊东认为汉民族在古代中亚细

捷克首都布拉格的建筑屋顶

亚或塞北地区过着流动的游牧生活，住的是帐篷。后来定居时，造房子也仿帐幕形式盖屋顶，吊起四角，让中间微有下垂。二是构造起源说，认为凹形屋面是主次房屋并合的结果。中国人讲究主次分明，所以主屋跨度大，屋盖便陡；次屋（如廊轩等辅助建筑）较窄，屋面就平缓，二者结合，便形成了现在古建筑上陡下平的凹曲线。第三种说法有点仿生学的意味，说中国式屋顶的形状是受了喜马拉雅杉枝条下垂形态的启示。著名的中国科技史专家英国的李约瑟博士则比较倾向于使用功能上的分析。他认为中国古建筑向上翘起的檐口显然是有着尽量多容纳一些冬阳和减少夏晒的实用性。因为中国处于北温带，屋顶出檐深对冬日并无阻碍，可烈日炎炎的夏天就大有好处。檐口反曲向上（这是形成凹曲的主要因素）可以保持上部屋顶的坡度，而同时可以使沿屋面流下的雨雪滑落得更远，从而起到保护用木构架、夯土墙建造的建筑本体安全的作用。

李博士从使用功能上来分析中国屋面之谜是正确的。但要探究这种奇特的屋顶形态为什么会延续千年，就一定要考虑到人的心理对文化的影响了。奇异独特文化现象的出现，必定与一个民族传统的审美趣味有关，这种审美趣味是在漫

故宫太和殿屋顶

长的历史发展中逐步形成，并一点点积淀在人们心中的。凹曲面的屋顶和屋角的起翘，或许一开始是出于结构上、使用上的需要，是为了弥补某些建造技术上的不足，在不断的实践中逐渐形成了一种观念上、精神上的寓意。就像《诗经·小雅·斯干》中所唱的，屋顶的起翘象征着张开翅膀、将要起飞的大鸟，人们追求的是一种动势。在我国传统美学中，动静交替、虚实相济等对比法则占有较大的比重，反曲形的屋顶可以说是这一美学法则在建筑艺术中的主要表现。建筑是巨大的、静止的、向下压着地面的庞然大物；而反曲向上的大屋顶、四角起翘的屋角就赋予建筑整体很强的动感，使向下的建筑有了一种向上腾飞的动势，两者相配合，就创造出一种亦动亦静、静中有动的艺术效果，符合中国人的传统审美心理，从而也使得这一奇特的建筑艺术一直流传到今天。

## 木结构的王国

翻开世界美术史的建筑艺术部分就可以看到，在现代建筑未产生之前，世界上所有已经发展成熟的建筑体系中，包括属于东方建筑的印度建筑在内，基本上都是以砖石为主要建筑材料来营建的，属于砖石结构系统。唯有我国古典建筑（包括邻近的日本、朝鲜等地区）是以木材作为房屋的主要构架，属于木结构系统，形成了与砖石结构系统建筑殊异的建筑立面形象和风姿，有着很强的文化识别度。这一艺术史上的孤例也是中国建筑"神秘""妙不可言"的一大原因。

世界上到处都有石头，同样也到处都有树木，为什么独独在中国发展出如此完善、精确的木结构系统？这的确也是文化史上的一大疑案。有观点认为中国建筑以木构为主是受地理物产条件的影响:"我国文化最早的发祥地区——中原等黄土地区,多木材而少佳石,所以石建筑甚少。"这种看法甚为片面。实际上我国古代的石作技术发展得并不比木作慢。在春秋时期,工匠们已能加工硬度很高的玉石;汉代的墓室、石阙也均以砖石构成;隋代著名匠师李春造的安济桥(赵州桥)是世界上第一座采用了浅弧拱券加小敞肩券技术的石拱桥,为世界桥梁专家所瞩目。还有的观点认为中国古代社会依靠农业,经济水平低,所以只能发展木结构。这些

建筑结构与赵州桥相仿的弘济桥

论说都没有触及问题的实质。中国建筑之所以能形成完整的木结构体系，还是应该多从文化背景上去找原因。

中国文化的最大特点是尊重传统，特别是对古代经典所载的"圣人"言语，一般不去做重大的改变，所谓"天不变，道不变，祖宗之法不可变"，恪守祖制的思想在我国传统文化上起了较大的影响。《易经》是五经之一，为儒家哲学思想的一个基础，其《系辞》一篇中写道："上古穴居而野处，后世圣人易之以宫室，上栋下宇，以待风雨，盖取诸大壮。"意思是说，本来人是住在山洞中的，后来圣人创造了宫室，改善了居住条件，这些房子上有栋梁，构造坚固。这里描绘的建筑便是最早的木构架系统。先秦韩非子也讲到上古圣人构木为巢，以避群害，老百姓都很高兴。古代与建筑直接相关的部落种姓"有巢氏"就是由此而来的。因为圣人住木构房屋，后代的帝王贵族或者贤人名士当然也要仿效，久而久之，用木来建造房屋便成为很自然的事了。

我国古建筑木结构体系的形成，还受到了古代阴阳五行学说的影响。儒家和道家是中国传统思想的两大支柱，都同样讲五行。五行最早是和人们使用的材料相联系的。《左传》中说："天生五材，民并用之，废一不可。"这"五材"

便是金、木、水、火、土，它们相生相克，共同构成了世间万物。石材没有能够进入五行，所以与人天天相接触的房屋中，就不能用石来做主要结构材料，最多也只能用石做成柱磴、台阶了，而人死后居住的陵墓倒可以大量用石，所以石拱券、砖拱券等砖石结构大量使用在我国古代陵墓中。这种一阴一阳，一用砖石结构，一用木结构，泾渭分明的建筑结构系统直接反映出中国古代建筑文化中阴阳五行说的影响。

古代木结构建筑与文化之间的渊源联系有很多种表现，我们今天使用的许多汉字还保留着古代木构架房屋的形象特征。汉字属于象形文字系统，在最早的汉字"甲骨文"或"钟鼎文"中，很容易找到木构架建筑的影子。比如"宀"就是由"𠆢"演化而来的，是很清晰的木构架系统的屋顶。屋顶之下可以容纳很多事物，也就演化出一系列与建筑有关的文字来，表示各种建筑的功能。如"宫"字就表示屋盖之下有很多房间；"安"字表示在房屋中有个女人，这个家就没有后顾之忧了；其他如"高""亭""宅""室"等字也都能看出很明显的木构架建筑图形。

上述文字所包含的屋顶均是两面坡的，代表比较主要的事物和动作，如"宫"之类的当然必须用在正规建筑上。还有一些名词仅和次要的房屋相关联，这类房屋一般都是单坡顶的或者是一面开敞的，犹如"冂"或"厂"的形式。反映在文字中便以"广"或者"厂"来表示。例如"厢""庭""廊""庑（wǔ）"等字的原意均是指建筑中比较次要的部分。就以"庋（guǐ）"字来说，明代的《字汇》中是这样说明的："庋，庋阁。板为之，所以藏食物也。"而单边开敞，上有木构架遮挡风雨的建筑物又很适宜用作街道两边的商业性活动，如杀宰牲口、开店、停车等，于是便有"店""庖""厨""库"等文字的出现。凡此种种，都很形象地表明了我国特有的木结构系统的建筑在整个古代文化中的重要地位。

## 群体的魅力

"庭院深深深几许"，南唐诗人冯延巳的这一名句常常被用来形容中国古建筑的延绵无尽。庭院一般是指前后建筑和两边庑廊相围成的一块空地，建筑为实，庭院为虚，这一虚一实组合而成的"前庭后院"，按中轴线有序连续地推进，大大增强了中国古建筑整体的魅力，是中国古建筑的又一

奇处。

中国建筑的美是一种"集体"的美。要是你参观过北京的故宫博物院或者山东曲阜的孔庙，就会很自然地被那巨大的建筑群体所感动。就是一般名山的大刹，江南一带富家的住宅，也每每集有数百间的房屋、几十座庭院。那密密匝匝的建筑，隔着一个又一个的天井、小庭，前后左右、有主有宾合乎规律地排列着。要是一条中轴线排不过来，就会在主轴线两侧再分出轴线。更有趣的是，不管建筑群组合的方式如何，也不管它的大小规模如何，最重要、最尊贵的那座建

北京中轴线

筑往往位于建筑群体的中心。中国建筑的这种排列组合，已超越了一般的规划设计方法，具有很深远的意义。

在我国古代文化发展史上，没有出现过西方那样狂热的神人崇拜，宗教对传统的建筑文化影响不大，决定古典建筑纵横铺开、群体组合之风格的主要是上古宗法思想。"中国人崇拜祖宗，外国人崇拜神灵"，尊祖是宗法思想之根本，源于原始氏族的祖宗崇拜，是以天然血缘关系为基础的。中国人对祖宗一向很是重视，汉代许慎的《说文解字》说："宗，尊祖庙也。""宗"字本身就和建筑有着密切的关系。

宗法崇拜离不开家庭赖以生活的基本因素——房子，建筑便成了宗族存在并繁衍的基本条件。其次，为了加强宗族的力量，要求父子、亲属等有血缘关系的亲族在一起生活，不得分散，这样就决定了建筑必须是许多居室组合在一起的群体。另外，土地在古代中国人的心目中，是宗族赖以生存、发展的根本，所以建筑必须立足于土、依托着土，这样就从思想上排除了建筑形态向上发展的可能，形成了覆盖着大地向四周发展的典型风格。

浙江东阳卢宅

在漫长的历史进程中，中国建筑这种令人惊叹的铺陈排列又注入了一些新的意味。例如古代的祖宗崇拜到了封建社会又与以"忠""孝"为内容的儒家伦理观念相结合，形成了完整的封建宗法思想。家有家长，族有族长，同姓间也推选长者为首，而皇帝就是全国百姓的至尊权威。反映在建筑上也就有了明显的尊卑等级划分：一般来说，居住建筑都以家庭或家族最长者居住的正房为中心，周围是儿孙、小辈住的偏房、厢房，而奴仆们住的下房就再依附于外围。北方的四合院就是表现这种思想最基本的组合形式。有的同姓大家族虽然人丁兴旺，但仍然不肯分家，四五代甚至六七代聚在一起。像浙江东阳卢宅，按照十数条中轴线密密层层地排布着数千间住房，范围竟达十五公顷，犹如一个小王国，占据了城中一大片地方。

上面介绍的我国建筑文化的四奇，主要侧重在古典建筑的一般形象特征上，由此已能见出古代建筑与传统文化之间的紧密联系。数千年发展的结果，我国古代已拥有许多类别的建筑以满足各种生产、生活或是信仰活动的需要，加上我国地域广阔、民族众多，更使得古建筑舞台呈现出极为丰富多样的景象，其奇异之处也远不是四个方面所能概括。在这本书中，将介绍某些富有特色的建筑奇观，相信读者们在了解了我国古建筑有别于其他建筑体系的总体特征和风格后，将会对这些奇妙的建筑萌发更大的兴趣。

宫殿坛庙

　　翻开世界建筑史，人们往往会发现一个很有趣味的现象。在数量上占绝对优势的古建筑——那些仅仅满足人类最基本生活要求的棚屋或民居，并没有留下多少记载。相反地，作为各地区、各民族建筑文化代表的倒是那些为数不多、也并不实用的宫殿、神庙和其他服务于精神生活的建筑类型。美国文化史学家卡佐在《奇事再探》中说："在特定的时期和地方，有才能又有精力的人们都会各自建造大型永久的建筑来部分表现他们的文化。"在阶级社会中，劳动人民的智慧和创造力必然要为统治者所攫取，他们对建筑文化的贡献就只能通过那些为统治者服务的大型永久性建筑表现出来。由于中西方文化传统的差异，代表建筑文化的大型建筑的种类自然也不同。如果说西方建筑史实际上是一部以神庙、教堂为主的宗教建筑的历史，那么中国建筑史便是一部以皇城、宫殿和礼制建筑为中心的历史。因此，要探究中国建筑文化中的奇观，首先便要谈谈宫殿和坛庙。宫殿是天子住的，坛庙是祭拜天地用的，在古代，它们都是体现天人关系的特殊建筑。

## 高台上的伟构

宫殿是我国古建筑中最重要、最庞大的体系。宫殿直接为最高统治者的工作和生活服务，能得到国家在人力、物力、财力上的支持，所以往往能够集中表现出各个历史时期的最高建筑艺术和技术水准。然而，由于我国古建筑采用的木结构系统比较容易损坏，而皇城宫殿又是朝代更替时军事斗争或权力斗争的主要攻击目标，宫殿造得快也毁得快。像楚霸王项羽攻入咸阳后一把火将覆压数百里的宫殿烧个精光的毁坏事件，历史上是屡有发生的。因此，那些曾经光辉灿烂的历代皇宫都已化作过眼云烟，留至今日的，唯有北京的明清故宫和沈阳的清故宫。让人略感欣慰的是，在古代许多历史与文学作品中，保留了相当一部分有关宫室的资料，与我国其他类别的古建筑相比，这些文学记载称得上详细。另外，地面上的建筑毁坏了，但地下尚有遗迹可发掘。近几十年来古建筑史的研究，使人们对秦汉以来重要的宫殿建筑有了一个比较正确的了解，有些还绘制出了复原图。所有这些，都是我们宫殿探奇的重要依据。

"高台榭，美宫室，以鸣得意。"这是古代历史学家对先秦宫殿的评语。今天，习惯了传统的沿水平方向建造建筑群体的我们，已很难想象古代高台建筑的模样了。就是西方人，在看遍了中国的传统建筑以后，也得出了"我们占领着空间，他们占据着地面"的片面结论。其实，我国古代建筑，也曾经经历过向高空发展的时代，而且起步要比西方早得多。在建筑文化初创阶段的商代和周代，几乎所有为统治者服务的"高级"建筑均建在高台上。根据考古的发掘，夏、商、周三个时期遗留下的重要建筑遗址，大部分都有

燕下都城墙遗址

高台。例如建在商都朝歌城内的高台，在 1930 年发掘时有五十多座，现留存三十多座，这些高台经历了数千年风雨，仍有 6.7 米高，最高的竟达 20 米。春秋战国时期留下的高台就更多了。据对燕下都（今河北易县）的考古发掘，发现城东部北端的中央，有一座长 130～140 米、高 7.6 米的巨大夯土台，这就是当年燕国宫殿的所在地。

按照构造和做法分类，古代高台筑大体有两种：一种是利用天然台地或者人工夯筑的土台，在其顶部建造宫殿楼阁，土台高度大多在 5～15 米间，最高可达 30 米。较早时期的高台建筑都属于此类。另一种不仅在台上造建筑，而且还在台四周的土壁中设立木柱，以土壁为墙，向外扩展，构成围绕中心土台的廊房建筑。远看起来，就像是从地面一直建到台顶的多层巨构，这种式样在秦汉很盛行，如咸阳秦代一号宫殿就是这样处理的高台。

"六王毕，四海一，蜀山兀，阿房出。"秦始皇扫平六合、统一海内之后，营建了中国古代建筑史上规模空前的杰构——阿房宫。阿房宫用材之多，竟然将蜀山上的林木砍伐殆尽。读了杜牧《阿房宫赋》这几句简约而又不无夸张的开场白，人们便不难想象阿房宫的巍峨壮丽了。实际上，阿房

秦咸阳城一号宫殿复原图

宫是秦始皇渭水南岸朝宫的前殿，按《史记》描述的，它是一组庞大的高台建筑群："先作前殿阿房，东西五百步，南北五十丈，上可以坐万人，下可以建五丈旗。周驰为阁道，自殿下直抵南山，表南山之颠以为阙，为复道，自阿房渡渭，属之咸阳。"阁道是架空的道路，复道是上下二层的立体通道，都是高台建筑交通所必不可少的。在大殿前分列着十二个铜人坐匠，通高三丈，重 24 万斤。这是秦始皇收缴全国兵器熔铸的。为了防止有人带刀剑进宫谋刺，就以磁石为门，如来者身上有铁器，就会被吸引而发现，用心之精巧，令人赞叹。

阿房宫的规划是以阿房前殿为中心，"五步一楼，七步一阁"，向东一直伸至骊山，向南可及终南山，向北有复道跨过渭水接通咸阳旧宫，并准备以终南山的最高处作为宫的南阙。如果这个计划全部实现，则阿房宫将"覆压三百余里，隔离天日"，成为历史上前所未有的高台宫殿集群。但可惜工程开工只两年多，秦始皇就辞世了，他的儿子胡亥也没有能完成父亲的遗愿，没等到竣工，秦王朝就被农民起义所推翻。已建好的宫殿，也被项羽焚烧了。据史籍记载，当时大火一直烧了三个月，可见建筑群规模之大。现在阿房宫只留下长方形夯土台一座，台东西长 1000 多米，南北约 500 米，残高 7～8 米，供后人凭吊。

高台建筑居高临下、宏伟壮观，同时又具有通风防湿、日照充沛、居住安全等优点，十分符合早期封建社会统治者的需要，所以发展很快。然而高台的施工需要动员成千上万的民夫去堆土，所有的高台建筑都是古代劳动人民花了极大的力量，利用土工技术创造的奇迹。我国古代将工程建设称作"土木之事"，直到今天，许多大学还设有土木工程系，这冠在名称之首的"土"字，就来源于古代的高台工程，而土与木之结合，一直是我国传统建筑的主要施工方法。

在古文中，"台"的含义很广，除了高台式的宫殿建筑之外，帝王园林中游乐眺望用的，以及祭祀用的高型建筑都称为台。秦简《归藏》中记载："昔者夏后启葬享神于晋之墟，作为璿（xuán）台于水之阳。"这里的璿台，大概就是祭祀用的"坛"。苑囿园林中所记的台就更多了。周文王的花园就有个灵台，《诗经·大雅·灵台》中有很好的说明，后来朱熹注解了台的功用："国之有台，所以望氛祲，察灾祥，时观游，节劳佚也。"台既能游览远眺，又能登高望气，占测灾祥祸福，精神上的需求要明显大于居住上的，这样对高台建筑的艺术追求也渐渐强调了起来。像楚灵王的章华之台，因为"土木之崇高"，雕镂得精巧，被大臣伍举批评为"观大、视侈、淫色"。还有吴王夫差的姑苏台、周灵王的昆昭之台、齐景公的路寝之台等都造得很华美。独立的高台逐渐变成了沿台筑屋、回廊曲槛与殿阁楼台相结合的"台榭"建筑。

与台并存的另一类高型建筑是"观"。据《释名》解："观者，于上观望也。"所以"观"是为了取得视野及风景面的开阔而建造的高耸建筑，所谓"欲穷千里目"，就一定要更上一层楼。实际上，在古代宫殿建筑中，"楼"与"台榭"，与"观"之间并没有很大的区别，常常是楼观联称。而观与宫阙也一直有着密切的渊源关系，汉唐宫中有所谓的"两观之制"，就是讲主要宫殿正门前要建一对高耸的角楼，称为

袁江《阿房宫条屏》，清，故宫博物院

两观。汉武帝和秦始皇一样，相信神仙，他听了公孙卿"仙人好楼居"的游说，在长安宫殿中造了不少观，人称二十四观。而在宫殿，周围三百里的上林苑中，建的高耸台观就更多了。

据《汉书》《三辅黄图》《西京杂记》等书描述，上林苑北抵渭水，南傍南山，苑中豢养百兽、种植中外奇果异树。大苑共有离宫七十处，观三十五处，水池十多处。其中最大的水面叫昆明池，池中有豫章台，又刻石鲸长三丈，池东、西岸立牵牛、织女石像，俨然是天河形象。苑中最大的宫殿就是建章宫，它的神仙味道更浓。宫内有神明台，台上立有铜制的仙人，举着铜盘玉杯以承仙露（据说凡人喝了仙露拌象牙屑可以长生不老，所以后宫中也常设有仙人承露盘），宫北部是太液池，池中筑三岛，岛上起台榭，象征东海中蓬莱、瀛洲、方丈三仙山。还有许许多多的楼观如仙人观、元华观、封峦观、走马观，望鹄台、眺蟾台等。从许多出土的汉墓明器，也就是陪葬品的造型中，我们不难想象当时皇城和苑囿宫观林立的景象。

汉代宫殿中的高观、楼台建筑对后世的皇家建筑影响很大。"铜雀春深锁二乔"是人们熟知的故事，《三国演义》中对铜雀台的描绘并不是艺术的虚构。实际上，曹操取得政权以后在邺城兴建新的都城时，确实建了许多台："西北立台，皆因城为台址，中央名铜雀台，北则冰井，又有西台，高六十七丈，上作铜凤，窗皆铜笼，疏云母幌，日之初出，乃流光照耀。"三国曹魏时，帝王好高台已到了可笑的地步。当时，曾有过一个修筑中天之台的狂想，中天之台就是与天相接，不能再高的台。据《新序》记载："魏王将起中天之台，令曰：'敢谏者死！'"许绾负蔂操锸入曰：'闻大王将起中天台，愿加一力！臣闻天与地相去万千九里，其址当方一千里，尽王之地，不足为台址。'王默然，罢筑者。"这里许绾以魏王的国土面积不够大，容不下天台的建筑为由，聪明婉转地劝说魏王放弃了构筑中天之台的奇想。直到明清时，宫殿中的汉白玉台座，紫禁城的重重门楼及角楼，仍然遗留着两汉高台式宫殿的某些余意。

魏晋之际，高台建筑已经从夯土和土木结合，发展成完全用木构筑。《世说新语·巧艺篇》曾记下了当时曹明帝造凌云台的故事："凌云台楼观精巧，先称平众木轻重，然后造构，乃无锱铢相负揭。台虽高峻，常随风摇动，而终无倾倒之理。魏明帝登台，惧其势危，别以大材扶持之，楼即颓坏。论者谓轻重力偏故也。"从文字看，凌云台完全是一座木结构的高台了。其精巧之处还在于当时的工匠对木结构性能已经驾轻就熟了，能够对木材的自重和力的平衡做出正确的估计，使高台能像今天的摩天大楼那样随风摇曳而不颓倒。当然，对于贵为天下第一人的皇帝来说，这座刚度稍差、会随风而动的高台似乎有些危险。然而不明道理地加固，却使它失去了平衡而倾倒了。建造这样奇巧高台的建筑技术并没有失传，两晋南北朝以后，佛教盛行，统治者到处造寺建塔，木构高台技术很自然地被应用到高层木塔的修造中去。被称为世界第一高层木构建筑的山西应县木塔，便一直留存到现在，使我们得以窥探到古代高台木结构技术的奥秘。

# 长安唐宫说雄风

皇帝，是古代封建社会代表"天"来统治全国的至尊者，因此他所生活的宫殿也必须是京城的中心。宫城不是一个孤立的建筑群，它严格按照宗法礼制思想的要求建造，处于主宰城市的重要地位上。这是中国古代宫殿建筑的最大奇观。

最早记录京城和皇宫布置的典籍是《周礼·考工记》，其形式为"匠人营国，方九里，旁三门。国中九经九纬，经涂（途）九轨。左祖右社，面朝后市"。是说王城每面长九里，开三座城门，街道呈"井"字形棋盘格式。而在中央大道的交叉中心上，便是皇宫，一般皇宫占全城面积的九分之一。

《周礼·天宫》中对皇室的组织结构也有明确的规定，即"六宫六寝"的制度。"寝"是高级住宅的意思，"六寝"是供皇帝本人生活起居用的房屋；"宫"是古代妇人对"寝"的称谓，"六宫"也就是宫殿的后院，是由皇后掌管的地方。《周礼》还规定了帝王的"三朝"之制。三朝是指大朝、日朝、常朝（也称外朝、中朝、内朝），外朝是行国家大礼的地方（如接见诸侯等）；中朝是接见群臣、处理朝政的地方；内朝是帝王与少数权臣商讨国家大事，或会见亲信的地方。

这在中轴线上排列的三朝、六寝、六宫图，便是周代宫殿布置的标准设计，亦是后世皇宫建设时的重要参考资料。

我国历史上还出现过与周礼制度完全不同的宫廷布局方式，这就是秦制。雄才大略的秦始皇很有点革新精神，他一方面很重视前人的经验，《史记·秦始皇本纪》中称道："秦每破诸侯，写仿其宫室，作之咸阳北阪上。"一方面秦又打破传统，创造了宫殿的新制式。秦宫布置是"二元构图的两观形式"——中轴线的正南方向是主要入口处，两宫分左右立于两侧，其他宫廷建筑也分成两组，立于干道两旁。两汉宫室基本上沿用了秦制，宫殿入口处两边往往立有类似门阙作用的高观。张衡在《西京赋》中说的"览秦制，跨周法"，正表明了汉宫并没有受周朝制度的影响。一直到宋朝宫殿创立了"前三朝，后三朝"之后，周制才为封建统治者奉为正规的宫殿制度。

七世纪的中国，出现了在当时在世界上规模最大、规划最合理、宫殿最完美的大都市——唐都长安。

宏伟壮丽的唐长安城，是在隋代大兴城的基础上发展起来的。大兴城的主要设计师，是"多技艺、有巧思"的著名建筑家、太子左庶子宇文恺。尽管城市街道的规划有点周制的余味：东、南、西三边城墙上各开三门；正南正北的朱雀门大街宽 150 米，是城市的中轴线。但是宫殿的布局却没有受周制多少影响，皇城和宫城没有占据城市的中心，而是被挪到了北边，使东西向的主干道畅通无阻，这一点，无论如何也比恪守祖制的北京城高明。长安城中的街道完全是东西或南北走向，将市区划分成方方正正的棋盘形街坊。里坊多为市民住宅及寺观，亦有少量官署，里坊实行夜禁制度。在东西向的金光门、春明大道两头，集中设立了东市、西市。一些手工业、商业的店肆都安排在其中，以便管理和平准物价。宋代以前，我国古都多采用集中设市的做法。据记载，在西市内有不少外国商店，是唐代对外贸易的窗口。

同北京一样，长安的宫城和皇城也组成了一个略成方形的城中之城，面积大约占到全城的九分之一。但它们又被一条宽 220 米的大街一分为二，宫城在北面，皇城在南边，要比宫城宽约 400 米。皇城是唐代政府机构和宗庙的所在地，南北各开有三座门，东西各二门，城中主要有太庙、太社等礼制建筑和六省、九寺、一台、四监、十八卫等官署。

宫城的正中是太极宫，名字很带有点道教色彩。这是因为唐家天子姓李，与道家学派创始人老子李耳是同宗，所以唐天子崇尚道教，宫殿取名"太极"也很自然了。太极宫呈横向矩形状，与我国传统的纵向矩形的宫城正好相反，宫内建筑布置也是以左右两宫分立为主，比较分散自由。宫城的正北门叫玄武门，门外便是郊外的皇家花园——禁苑。公元626年，秦王李世民先下手为强，铲除李建成、李元吉的"玄武门之变"，就发生在这里。当时，秦王得知建成、元吉要趁在城西昆明池宴行之际谋害自己，便预先带领少量将士埋伏在玄武门，待建成等人走过门楼时，射杀了建成和元吉。秦王所部与东宫和齐王府卫队发生了激战，结果李世民得胜，李渊也于三日后被迫让位，李世民登基，改年号为"贞观"。

玄武门和皇城的正门朱雀门一南一北，遥相对峙。它们的得名和中国古代的五行学说有很大关系。阴阳五行说和风水堪舆说结合在一起，对我国古建筑的选址、定位、起名都有很大影响。如五行各自代表一个方向，而且还各有一种神化的动物与之相对，并且还有固定的色彩搭配：东方属木，木为青，相对应的神物便是青龙；南方属火，火为红，神物是朱雀；西方属金，金为白，是白虎；北方属水，水为黑，所以神物称玄武（黑色的乌龟）。今天南京的玄武门，北京故宫的神武门（因避康熙名讳由玄改为神）等亦都与此有

唐长安城模型

关。中央属土，土是黄色，象征着权力，所以帝王的宫殿要居中，并覆以黄色琉璃瓦。这些习俗，虽从五行说而来，但已与礼制发生了关系。

长安城内的皇宫原来只有太极宫一处。公元 643 年，李世民在宫城外东北边皇家苑囿的龙首原上又修了一座永安宫殿，它便是大唐帝国最主要的大明宫。

大明宫在长安的北面偏东，它的南墙就是长安都城北墙的一段，宫城平面呈不规则长方形。这些都说明唐代的君王比较豁达大度，他们并不计较"王者必居于中土"，并不硬要把自己的宫室建于城市的中心。宫内建筑的布置则又吸取了周制的一些优点，有一条明显的中轴线。其中以轴线南端的外朝最为宏丽。由南向北纵列着大朝含元殿、日朝宣政殿、常朝紫宸殿。在这三组宫殿之外，又在两侧对称地造了若干殿阁楼台。宫区的后部是皇帝及后妃居住的内廷，宫的北部又在低洼地开凿了太液池，池中造了蓬莱山，周围布置了楼台亭阁，并用回廊相连，构成大明宫的园林区。

含元殿是大明宫的正殿，它利用龙首原做殿基，显得高大壮观。现在残存的遗址仍高出地面 10 余米，台基东西长近 76 米，南北宽 42 米。大殿东西面阔共十一间，在左右两侧，又有翔鸾、栖凤两座高阁凸在前边，并以曲尺形的廊庑与大殿相连，使含元殿平面呈门形，一如明清宫城的午门。从大明宫正门丹凤门到含元殿，有一段较长的距离，在距大殿 75 米处，大道便渐渐升高，变成一条长长的台阶，称为"龙尾道"，是直接耸立在高台上的伟构。这殿、阁，和龙尾道高低前后的配合，表现出一种历代宫殿从未出现过的雄浑气势，是中国封建社会鼎盛时期建筑的典型风格。

含元殿是大唐帝国举行外朝的地方。每逢国家大典，如更改年号，大赦罪犯，元旦、冬至的仪式，欢迎国外重要使者，以及检阅出征得胜归来的将士、接受俘虏等，皇帝均要亲临含元殿举行大会。唐代诗人王维的"九天阊阖开宫殿，万国衣冠拜冕旒"，所描绘的就是这里举行大会的盛况。

大明宫内另一座有名的大殿叫麟德殿。它建在宫区北部太液池西边的高地上。这里东临园林风景区，西边又离西宫墙上的九仙门不远，出入比较方便，是皇帝召见贵族亲信、饮宴群臣以及观看杂技舞乐和做佛事的地方。有时也在这里接见外国使臣，公元703年，武则天就在这里接见并宴请了日本执节大使粟田朝臣。麟德殿的最大特点是大，它由前、中、后三座殿阁连成一气，共面宽十一间，进深十七间，总面积约等于明清故宫最大建筑太和殿的三倍。在殿的东西后

大明宫麟德殿复原效果图

侧，各建有一楼，楼前还有亭，以此来衬托中央的大殿，这种做法，还是保留了秦汉高台宫殿和楼观的余绪。

长安城内，还有第三处宫殿，是唐明皇李隆基即位后将自己在兴庆坊的旧居改成的兴庆宫。兴庆宫的布局更为自由，它的正门兴庆门开向正西，这在帝王宫殿中是很少见的，宫内也只有兴庆殿一所正殿，而且兴庆殿同宫内其他建筑大同殿、南熏殿等，都是楼房。宫内有一个很大的人工湖叫兴庆池，景色美丽。"东沼初阳疑吐出，南山晓翠若浮来""向浦回舟萍已绿，分林蔽殿槿初红"，这些唐人诗句，都写出了当年兴庆池一带的如画风景。兴庆宫经常与唐明皇和杨贵妃的爱情故事联系在一起。相传当年唐玄宗带贵妃在兴庆宫沉香亭内赏牡丹，一时高兴，即命李白为杨贵妃写新歌词。结果因为"借问汉宫谁得似？可怜飞燕倚新妆"两句，被高力士进谗言，得罪了杨贵妃，致使李白一生仕途不得意，这也称得上是文学史上颇有趣的故事。

唐长安的宫殿设计大胆而灵活，既尊重传统又不拘泥于已有的样式，在一定程度上反映出大唐文化的本质，处处表现出一种勇往直前、兼收并蓄的气概，这是一种国力达到甚为兴旺的时候才能表现出的时代精神，是其他朝代所难与之相比拟的。

# 无与伦比的宫城

　　唐长安以后，我国宫殿建筑史上的又一个高潮是明清故宫。它仍然完好地保留在首都北京的中心，成为精美奇巧的东方建筑的当然代表，获得了世界人民的赞誉。

　　明朝北京是在元大都的基础上改建和扩建而成的。当时，为了防备元朝残余势力的侵扰，将大都城内较空旷的北部放弃，将北城墙南移了五里；在永乐正式迁都北京之后，又将南城墙向南推出，以保护繁华的南关商业区，这些都是顺应自然的措施。在对待前朝宫殿的态度上，朱家天子远没有唐代来得开明，在缩减北城的同时，就平毁了元代宫城，将许多在建筑史上颇有价值的带有蒙古和中亚风味的宫殿全部拆除，并将建筑垃圾和挖宫城护城河多余的土方堆筑成一座高50余米的土山，这便是景山。更为奇怪的是，为了镇压元朝的"王气"，这座山的主峰正好压在元朝宫城的主要建筑延春阁的故址上，所以又称这山为"镇山"。当时帝王以为有了这山，明朝江山便可以千秋万代了，又赐名为"万寿山"，景山是清初才改的名称。景山有五峰，其中中峰位置奇佳，不仅处在全城的南北主轴线上，又居内城南北城墙的中点，是改建后北京全城的中心，登临峰顶，足以俯瞰全城。能够将堪舆风水学说与京城的规划结合得如此紧密，这也在一个侧面反映出当年京城设计师的奇才。

明清北京的布局鲜明体现了封建社会都城以宫室为主体的规划思想。它以一条自南而北长达 7.5 公里的中轴线为全城的骨干，轴线的南端是外城的正南门——永定门，北边以

北京景山万春亭与故宫遥相呼应

钟楼、鼓楼为终点。宫殿和其他主要建筑都沿着这一轴线排列，形成一条艺术特性极强烈的建筑序列，气势非凡。然而从设计理念上讲，它却是保守的、继承传统的，主要规划几乎都可在《周礼》等封建礼制的典籍中找到依据。例如，宫城居于城正中是按照"王者居于中"的传统。社稷台位于宫城前面的西侧（右），太庙位于东侧（左），是出于《周礼·考工记》上的"左祖右社"。外朝三大殿（太和殿、中和殿、保和殿）的纵向排列则是出于"周制"宫殿的外三朝制度，而这前三殿和后三宫（乾清宫、交泰殿、坤宁宫）的关系又体现了"前朝后寝"的礼制，还有从宫城前门的太清门到太和门之间的五座门楼也附会了所谓的"五门制度"。由此不难看出，数千年的宗法礼制思想对都城和宫殿设计的巨大影响。

宗法礼制思想还反映在等级制度上，这在故宫的建筑上表现得尤为明显。外朝是最主要的宫殿，所以整个宫城以前三殿为中心，它们前后排列在一个巨大的、高 8.2 米的三层白石台基上，四周还建有造型别致的崇楼。就是这三殿，也有较明显的等级差别，特别是屋顶。太和殿采用了我国古建筑最高制式的重檐庑殿顶；后面的中和殿因为只是皇帝大朝

故宫三大殿

前的准备用房，就只用了单檐四角攒尖的屋顶；最后的保和殿是帝王宴请重臣或举行朝政时的场所，在功用上比中和殿重要，就用了重檐歇山顶的形式。而内廷的三宫和其他殿廷，显然是从属于外朝的，因此布置就较紧凑，密度也大，这样就更加强了外朝的尊严。类似的等级差别在故宫建筑中是很普遍的，除了屋顶的形式、开间的多少、台基的层数和高度、屋脊走兽的数目、室内装修的简繁，直至室外建筑小品的陈设上，也都可以反映出建筑物的等级尊卑。

应该说，等级森严对宫城的规划和设计是一种约束，但故宫的设计师却能利用这种约束来尽全力地表现主体建筑的庄重和华丽。太和殿就是一个佳例。

太和殿又称金銮殿，是封建社会我国最高级别的建筑。它面阔十一间，室内净空高度达 14 米，藻井顶部离地有 16 米，为人高度的七至八倍。屋顶是重檐庑殿顶，顶上走兽的数目和檐下斗拱挑出的数目也属最多。台基分三层，无论在台基、丹陛（台阶）、御路还是大殿本身的梁柱上，雕刻均非常精细，并绘有大量的龙凤图案。室外月台上放着只有这里才可陈设的日晷、嘉量、铜龟、铜鹤等。大殿前边是一个面积达 2.5 公顷的空旷的大广场，广场周边用连续低矮的回廊相绕，以平矮来衬托大殿的高大。整个建筑的色彩也经过周密的考虑：洁白晶莹的汉白玉基座，朱红色的柱，深红色的墙，黄琉璃瓦的屋面，屋檐下的斗拱和彩画则用冷色调的青绿色，这不仅在色调上同暖色调的屋顶和柱形成对比，而且在视觉上也增加了出檐的深度。在蓝天白云的衬托下，使大殿的色彩极为鲜亮强烈。

太和殿的室内设计也非常成功。大殿长 63.96 米，宽 37.17 米，建筑面积 2400 平方米，然而在一般情况下，在这里活动的人数并不多，除了侍卫、太监和朝觐的官员之外，

太和殿室内

唯一的主人就是高踞在宝座之上的皇帝。所以，这里最有效的使用空间只是正中明间宝座前的那部分。为了突出宝座，设计者运用了光与色彩的装饰效果，把中心明间的四根金柱沥粉雕画成盘龙，全部贴上金。这四根盘龙柱光彩闪闪，很是典丽而雄壮，同其余森然林立的暗红色柱列形成强烈的对照，既标志出这一范围的特殊性，又赋予明间以相对独立的性格。那象征皇权的宝座，放在贴金雕镂、有七级踏步的木台基上，宝座背后有一道高低叠落的七扇雕龙屏风，屏风既是宝座的背景，又与台基一起，虚实结合地分划出一个相对独立的空间范围。这样，借助于匾额和对联所组成景框的过渡，使宝座部分与顶部华丽的盘龙藻井浑然一体，形成完整而中心突出的空间艺术画面。这正是最高统治者"非壮丽无以重威"这一设计思想所要求的。

单体建筑构思得如此华丽奇巧，群体的艺术魅力更令人惊叹。进入金銮殿之前那条按照五门制度布置起来的一连串院落，更是中国建筑史上虚实相济、变化无尽的建筑空间序列的最佳创作范例。李约瑟博士曾将这一建筑群体的组合称为一种特有的中国观念，它将"对自然谦恭的情调与崇高的诗意组合起来，形成一个任何文化都未能超越的有机图案"。

正阳门（前门）是内城的正门，它是这一空间序列的起首。原先在前门和天安门之间还有一座大清门，这座门楼较低矮，与两侧长长的千步廊构成一个纵深的前导庭院。千步廊的两边是当年清王朝的"王府六部"等国家机构。而到皇城正门天安门前，纵向的院子突然向东西两翼伸展得很远，形成一个很宽阔的横向广场，通过空间的突变和陈列着的华表、石狮，架在金水河上的汉白玉小桥等，烘托出了重檐歇山顶的天安门的雄姿。天安门和端门之间，是尺度大大缩小了的方形院落，在经历了宽广的天安门前广场后，顿感到收敛和窄小。端门到午门院子又变得狭长了,两边还建了许多矮小的廊庑(朝房)。从这些平缓单调的小建筑中穿过,迎面耸立着体形巨大、屋顶复杂的午门城楼。午门是宫城的正门,它的两翼向前伸出很多,端部建有造型别致的楼阁,低矮狭小的朝房和高大挺拔的门楼,产生了很强的对比效果。过了午门,对面便是五门中的最后一门——太和门。这里又变成了一个扁方形的院落,五座小桥跨在内金水河上,形成进入太和门前的一个过渡。太和门内侧,空间顿时开阔,面前是一个四周有建筑廊庑拱卫的方形广场,边长达200余米。

故宫太和门广场

广场北部中央，便是有三层汉白玉栏杆环绕着的大台基，太和殿稳稳地坐在上面。在这一沿中轴线发展的空间序列上，门楼和广场配合得十分得体，又艺术地采用了收和放、横向和纵向、压抑和开敞、高耸和低矮等多种对比手法，在节奏上又逐步强化，有效地渲染了这一建筑群体庄严肃穆的气氛，确确实实创造了李约瑟所说的那种"任何文化都未能超越的"崇高的诗意。

在这一建筑序列上，除了太和殿，最成功的建筑单体要数午门。曾经在中国工作过的美国现代建筑师墨菲看到午门

之后曾写下了这样一段话：

> 在紫禁城墙南部中间是全国最优秀的建筑单体。伟大的午门是一座大约二百英尺长，位于有栏杆的台座上的中心建筑物，两翼是一对方形的六十英尺上下的角楼。四百英尺的构图升起在五十英尺高的城墙之上，墙身是暗红色的粉刷，其中有五个拱形的门洞。向南伸出三百英尺构成侧翼的墙基，另外两对角楼是主体的重复。其效果是一种压倒性的壮丽和令人呼吸为之屏息的美。

可能是记忆的错误，墨菲对午门的介绍不完全正确，但身为一个建筑师，他在艺术上的感受是强烈的。作为明清宫城的正门，作为进入太和门之前的一个高潮，午门的整体艺术形象所表现出的美，的确可以称得上"压倒性的壮丽"。整座门楼呈"冂"字形，下部为高十余米的砖石墩台，墩台下是雕刻精美的汉白玉基座，看上去像是红色墩台的一圈裙边。墩台正中有三门，正面呈长方形，后面为拱形，这种做法在古建筑中较为少见。墩台上共建楼五座，人称五凤楼，各楼均围以汉白玉栏杆。正中为主楼，面阔九间，重檐庑殿

午门

顶，制式仅次于太和殿。其余四楼为重檐攒尖顶，两座位于主楼两侧，另两座建在伸出的两翼墩台上。主楼的左右还有钟鼓亭，每逢皇帝在太和殿主持大典时，钟鼓齐鸣，甚是威严，整个门楼气势巍峨，宏丽壮观。

故宫殿廷基本上均采用了传统的大木结构形式。建筑的一切骨干均用木材搭建，这是明清官式建筑的代表，在设计、施工上，已具有很高的标准化、定型化程度了，尽管也带来了诸如体形比较简单、屋顶形式呆板等弊病，但充分说明我国古代的木结构技术已经高度成熟。是那些位于小块花园中的园林建筑，如乾隆花园中的碧螺亭，御花园中的万春亭、千秋亭等造型精巧多变，能表现出大型宫殿所没有的活泼生气。

故宫建筑的石雕艺术，也是集中了当时全国工艺设计的精华。那须弥台座上、台阶上，甚至道路两旁，都有很精细的龙、凤，以及各种神兽的雕刻，有的还设计得很奇巧。就拿外朝三大殿底下的三层白石台基来说，每层均有栏板、望柱和龙头围绕，重重叠叠如白玉雕成的山峦。有人曾数过，共有1414块栏板、1460个望柱、1138个龙头。更令人称奇

故宫汉白玉龙头

的是，这些栏板、望柱和龙头还具有排水的功能，每逢雨天，台上雨水从栏板和望柱下的小洞流出，汇集起来，由龙头口中排出，大雨水如练，小雨水如注，煞是好看。就连宫内的地面也做了特殊处理，使用地砖叠铺了七至十层，既防潮，又利于排水。这些科学性和艺术性结合的奇思巧构，在故宫中是不少的。

## 从古明堂到天坛

除了故宫，北京最有名的建筑要算天坛了。每当人们看到圜丘三层光秃秃的圆形石台、看到祈年殿三层深蓝色的圆形屋顶，一种奇妙的、神秘的观感便会油然而生。的确，与宫殿建筑相比，天坛似乎有点玄奥和难以理解。然而，尽管它们有着不同的艺术形象，表现出不同的风神情调，但实际上却靠得很近，两者都充满了"礼"的内容，都受礼制思想的约束，又都是为古代社会皇帝的统治服务的。宫殿的礼仪思想主要体现在宗法观念和等级制度上。宫殿造得那么华丽庄严并不是出于实用的需要，而是为了表明它是全国最高等级的建筑，使之具有一种精神上的威慑力。但是，宫殿建筑

天坛

又是皇帝办公、生活之处，终究还带有不少实用的性质。而天坛这样的建筑则完全是根据"礼"的要求建立的，它没有实用价值，只是为了一种精神上的需求。除了皇帝每年一度的郊祭大典之外，这里终年关着大门，只留少数人员进行维护准备。所以史学家将这种类型的建筑称为礼制建筑。

拜敬祖先是我国古代"礼"的主要内容，今天人们常说的"礼貌""敬礼"等都包含着这一层意思。后来，因为宗族的繁荣昌盛离不开土地肥沃，离不开五谷丰登，离不开风调雨顺，于是"礼"又引申为对天、地和五谷的崇拜。在祭拜祖先之外，又出现了拜天、地和五谷。这些祈拜活动的历史非常悠久，可以说在中华文明的开创阶段便已出现了。含有"礼"内容的祭祀活动是表现古代"天人合一"思想的一种方式，是求得自然（天）与人之间和谐的一种精神活动。魏晋之际的哲学家杨泉在《物理论》中谈到过这一崇拜的内涵："古者尊祭重神，祭宗庙，追养也，祭天也，报往也。"也就是说，中国人祭拜天地祖先，是为了对人的由来和生存所依赖的自然环境表示崇敬与感恩。这与西方古代产生的那种对神和上帝的虔诚信仰以及宗教活动是不同的。

这些祭拜活动都需要一定的设施为之渲染气氛，创造条件，于是便出现了名目众多的礼制建筑。第一类是坛。古代有"苍璧礼天，黄琮礼地"的说法，就是指要面向着天祭天，面对着地祭地。这样，祭祀仪式便要在露天的坛上进行。天包括日月星辰，于是又有日坛、月坛之称。此外还要祭"社"。社是土地之主，因为"土地阔不可尽敬"，于是到各处去取点土样来（称"封土为社"），放在一起，就算代表了天下之土，所以社稷坛上有表示各个方位的"五色土"。

"稷"也是必须祭的。"稷"是古代对粟的称谓，是百谷之长，因为"谷众不可遍祭，故立稷神以祭之"。"社"和"稷"加起来便是农业，在以农立国的封建社会，社稷又是国家的同义词。与农有关的还有先农坛、先蚕坛等，此外还有代表全国山河的山川坛等。在中国古代的都城建设中，修筑祭天拜地的坛是极为严肃、隆重的大事，常常要召集群臣，引经据典争议一段时间。

今天，在北京还保留了不少礼祭用的坛，它们都是明清时修造的。社稷台按礼制建在宫城的右边（今中山公园内），

中山公园社稷台五色土

先农坛在正阳门南大道的右边。而天、地、日、月四坛是按照天南、地北、日东、月西的古训来确定的，皇帝祭的时间、路线也有规定。《明宫史》记曰："凡冬至圣驾躬诣圜丘（天坛）郊（祭）天，并耕籍田，咸由正阳门出也"；"凡遇夏至圣驾躬诣方泽（地）坛祭地，即由安定门也"；"圣驾春分躬诣朝日坛及藩王之国，则由朝阳门出"；"圣驾秋分躬诣夕月坛，则由阜成门出"。

第二类是拜祖先的宗庙。《释名》曰："宗，尊也，庙，貌也，先祖形貌所在也。"也就是说，宗庙是放着祖先画像及牌位，供后人尊祭用的。古代对宗庙级别的规定是很严格的。《礼记》规定："天子七庙，三昭三穆，与太祖之庙而七。诸侯五庙，二昭二穆，与太祖之庙而五。大夫三庙，一昭一穆，与太祖之庙三。士一庙，庶人祭于寝。""昭"就是祖先中的二、四、六世，在庙中是排在左边；穆即是三、五、七世，排列在右边。《周礼》"左祖右社"中的"祖"，便是皇帝家族的宗庙，后来又称为太庙。而老百姓宗族的宗庙便是一般所称的祠堂，有的也叫祖庙、家庙。

第三类便是与礼乐之本息息相关，为教化而设的学校、辟雍等（有的明堂也应归入这类）宣传教学建筑。这类建筑到后来演化为许多形式，如国子监、太学，各地区的府学、县学、书院等。由于孔子被尊为我国教育事业的祖师，所以各地还建了许多孔庙，文昌阁、奎星阁等也应该算入这类礼制建筑。实际上，除了祭天地的坛之外，古代的许多礼制建筑都是综合使用的，只不过各有所偏重罢了。

礼制建筑主要是为了满足人们的精神需要所建，因此它的艺术形象就格外的重要，平面、立面、方位、色彩、高度、层数常常具有很强的象征意义。这些都赋予建筑物很鲜明的个性特征，能产生较强的艺术感染力。前文中提到的天坛就是这种使观赏者难以忘怀的象征建筑。明清以前，汉代的礼制建筑——明堂经过考古发掘和宣传，也已经为人所知。它那规正的布置、奇特的造型、有意味的象征，引起国际建筑界越来越多的关注。

明堂是自周代以下国家最重要的礼制建筑名称，在以儒家学说作为主要治国思想的古代封建社会，明堂被称为"礼乐之根本"，是各朝都要兴建的重要建筑物。但关于它的制度却是众说纷纭，成为儒家聚讼千载的一大疑案，历代帝王常常亲自主持，召集最权威的学者进行议论考证。可即便如此却还是弄不清楚，其主要原因是明堂渊源久远，含义众多。古代所建早已颓圮（pǐ）不存，前代所建又嫌牵强附会，而典籍所载又各有阐发，所以直至明清还有争执。但是兴建明堂的重要意义，倒是历代统治者都很强调。古籍《白虎通》说："天子立明堂者，所以通神灵，感天地，正四时，出教化，宗有德，重有道，显有能，褒有行者也。"能够看出古人认为从宇宙自然到社会的伦理道德都能通过明堂来得到调整，其作用之大，使得任何人都不敢有所反对。为什么要将这种建筑称为"明堂"？历来有两种解释。一种认为"明"的含义是"明政教""明诸侯之尊卑"，因此是明辨方位、时序等级的场所。另一种"明"的含义是说明堂周围空透，四通八达，四面对称，是明朗开敞的建筑物。前一种"明"含有伦理的、社会的意义，后一种解释则有审美的和空间的意味了。

已被发掘的汉明堂建于两千年前的公元 4 年，是汉末王莽掌权后，进行托古改制时建的重要礼制建筑。它位于汉长安正南门安门外大道的东侧，距安门约两公里，与明清天坛的位置相仿。整座建筑环绕着中心部位的方形夯土台而建，带有秦汉高台建筑的特征。最为奇特的是这座建筑的平面布置、层数和立面都带有很强的象征意义，是按照正统儒学礼制设计出来的古式明堂。

建筑群周围环绕水渠，水渠的水从昆明渠中引入，活水环流，符合《礼记》等古制对明堂的要求："周旋以水，水行左旋以象天。"正北方，水渠中的水又被接到一条圆形的水沟之内，水沟环绕着一个以围墙封闭的方形院子，院内四角有四座曲尺形的配房即辅助房。围墙每面正中各辟阙门三间。方院正中是一个圆形土台，圆形土台的中央便建着方形带折角的主体建筑。按照礼制要求，明堂要象征天地，而"圆法天，方象地"。这座明堂巧妙地安排了双重方圆的象征寓意：圆形水沟环外，方围墙于内为一组；圆土台在外，方形明堂在内则是另一组。

再看建筑的室内布局，所能包含的象征意味就更多了。根据《礼记·月令》《吕氏春秋·十二月纪》等古籍的记述，古代明堂和数字的象征关系最为密切，堂中可以包含四向、四堂、五方、五帝、五德、五材、五谷，以及十二月、十二律等。因此这座礼制建筑的设计者也奇想迭出，尽量将这些带有隐喻的数字糅在一座房屋之内。例如明堂第二层四面各有三间厅，三间中正中的称"堂"，两边的称"个"；四堂单独算可附会"四庙"，十二间厅一起算又是"十二堂"

制了。再如堂中央为大的方形夯土台，四隅又有小的土台突在外边，中心大台上的称为土室，四个小台上则是金、木、水、火四室，代表了五材、五方或五德等。如此象征，堂中可以找出许多。尽管今天还不能完全知道这些象征的具体含义，但正如有的学者所说，它包含了"一（中心主体）、二（每面双阙，左右阶）、三（门屋，大室间数）、四（四方面，四堂）、五（五室）、六（后夹六间，南北堂间数）、七（太室三间四向）、八（平台每面八间）、九（九阶，九室）等数字及其组合，都可以附会出各式各样的解释"。

这座明堂的立面形象也很美，既规整匀称，又富于变化。总的说来是一幅轴对称的构图，但又因为功能上的需要或是造型上的考虑，南面要比北边更庄重雄伟。它使用了方形屋顶，但又不是正方形（东西略长），以便在结构上可做成一个短脊，使屋面更生动。总之，整座建筑静中有动（稳定中带有变化），圆中有方，高下相顷，比例适度，表现出一种祭祀性建筑特有的凝重和谐之美。

为了使明堂对天地的象征更直接，历史上还出现过一座类似今天天文台星象馆的建筑，这就是北魏孝文帝在太和十年至十三年（486—489）在代京（今山西大同）建的一座明堂。据《水经注·湿水》记述："明堂上圆下方，四周十二户九堂，而不为重隅也。室外柱内绮井之下，施机轮、饰缥，仰象天状，画北辰、列宿象，盖天也。每月随斗所建之辰，转应天道，此之异古也。加灵台于其上，下则引水为辟雍，水侧结石为塘，事准古制，是太和中之所经建也。"这所明堂不筑高台重隅，而机巧地在室内设了一个圆形藻井

（天花），上绘星宿图，下边装有机轮，可以按月转动以应月令，使人在堂内能直接观看到星空的模型。在一千多年前就能以这种科学的方法来象征天空，实在是非常巧妙。

礼制建筑发展到明清时的天坛达到了前所未有的高峰。在总体上，天坛的建筑群由内外两重围墙环绕，围墙的平面接近正方形，但是北面（上方）的两角采用圆形、南（下方）

大同北魏明堂

则是直角，这是继承了天圆地方说的古制。墙内以南部祭天的圜丘和北部祈祷丰年的祈年殿为主体，它们之间以长约400米，宽30米，高4米的砖砌大甬道——丹陛桥相连。其他部位除了离宫和神乐署两处辅助建筑外，遍植柏林来烘托庄重的气氛。

圜丘在天坛主轴线的南端，周围被两重矮墙环绕，内墙平面为圆形，外墙正方形，又一次强调了天圆地方的宇宙观。两重矮墙四面正中均辟门，代表四向。坛为三层同心圆坛，坛面除中心石为圆形外，其余均为扇形，且数量均为"天数"，即九或九的倍数，其排列也符合"周天"360度的天象。各层台均围栏板，所有栏板、望柱及台阶数也为天数。色彩上为了与天相配，坛面及护栏全用蓝色琉璃砖铺砌（后来乾隆大修时改为艾叶青石坛面的汉白玉护栏），在这一系列与天相关联的象征语汇启发下，站立坛上，仰望苍天，一种与天相接的强烈感受就会油然而生。

大享殿的形制与古明堂已经很不相同了，但它也十分强调数字的象征：中心四柱象征一年四季；外周十二柱象征一年十二个月；再外周的十二柱又象征一日十二个时辰；总共二十八根柱又象征天上二十八宿；圆形殿顶象征天，三重檐象征三阳；而三重檐第一层青色代表天，第二层黄色代表地，第三层绿色则代表丰盛的五谷，合起来象征明堂秋享的内容。

清代的乾隆皇帝是一位鼓吹"礼乐"的能手，也是一位颇有修养的建筑艺术鉴赏家。在他主持下，1753年大享殿改建完工，更名祈年殿。殿下造了三层白石台基名祈谷台；大殿三重檐屋顶和庭院内其他殿宇的屋面全改成蓝色琉璃瓦。这么一修改，使这座明堂超越了所谓四时五方八堂等低级的象征，而达到了象征艺术的更高层次。在湛蓝的天空下，三层洁白的圆台托着一座比例端庄、色彩典雅的圆殿，特别是那三层亮闪闪的蓝色屋面和鎏金宝顶，在造型、比例、色彩、构图等方面予人以一种难以描绘的艺术享受。在完美的形象中，又契合着充实、圆满、无限、和谐、开阔、崇高等等审美理想。天坛祈年殿完整地体现了人们对"天"的认识，它的象征含义已完全融合到建筑艺术的精髓中去了。

## "礼""教"建筑之大观

礼制建筑的另一个系统就是宗庙。明清时期，皇帝将宗庙与祭天拜地以及祈求丰年的祭祀性建筑分得较清楚，宗庙的功能单一化了，变成了祭拜祖先的专用场所。不过在民间，族姓的家庙还是具有教化和集合等功用的。如乡间的祠堂很多时候也是私塾或学校的所在地，宗族有大事讨论也每每在祠堂内举行。如果族中有子弟穷得买不起房子，也可像鲁迅先生笔下的阿Q那样，暂时在祠堂中栖身。从这个意义上讲，礼制建筑对于古代中国人来说，的确是不可缺少的。

留存到今天的最高级宗庙是皇帝的祖庙——太庙。它位于宫城的左边，也就是天安门的东侧，整个建筑群处于两重

太庙

又厚又高的围墙包围之中，内外围墙间留有很大的空地，密密栽植着大片高大的古柏树，使主建筑群处于一个与外界隔绝的环境之中，营造出庄严肃穆的气氛。这种以树木来点缀环境的处理手法，从汉代起就广泛地应用在坛庙、陵墓建筑中。太庙外围墙门是琉璃砖门，入门是一条两端弯曲的河渠，上跨七座石桥。对面是一座七开间的门楼，称为戟门。太庙的主建筑是前殿，此殿面阔十一间，重檐庑殿黄琉璃瓦屋顶，下面是三重汉白玉雕的须弥座式台座。这些制度的等级，完全与皇帝的金銮殿相同，于此也表示出尊祖的意味。

太庙木结构部件制作之精细，用料之考究，都是首屈一指的。前殿的主要梁柱外面均用沉香木包裹，其余木构件都用金丝楠木制作，天花藻井及主要柱身皆贴金花。虽然经过了清代的修缮改建，但大体上还保留了明代的风格，与十三陵的棱恩殿一样，是北京保存最完整的明代建筑之一。

说到孔夫子，不仅中国人妇孺皆知，就是在国外，他也是备受人们尊敬的大思想家和教育家，孔子的哲学思想也被认为是中国传统思想的同义词。而在中国古代建筑中，祭拜孔子的孔庙也是分布面最广、规模最大、体系最完整的特殊类型的宗庙。宋代以后，除了孔子老家曲阜和京师以外，全国各地县以上的城市，都设有祭祀孔子的孔庙，也称文庙。文庙之旁又附设学宫：在京城的称国子监，在府的称府学，在县的称县学，作为各级封建知识分子学习研讨之处。文庙和学宫是封建社会科举制度的重要一环。这样，祭祀孔子的宗庙又和古代的礼制教育发生了密切的联系。

曲阜孔庙是全国历史最悠久、规模最大的孔子家庙。它建在原曲阜城西孔子生前的住宅故址上。春秋周敬王四十一年（公元前 479 年）孔子逝世，第二年鲁哀公就将他的故宅改建成庙，岁时奉祀。当汉武帝正式将儒学奉为治国之经典后，就在此处正式盖起了拜祭用的庙堂。直到清末，这一制度都没有改变，庙堂建筑也一直不断地进行维修和改造。一座纪念性的礼制建筑，在同一地点延续了两千多年，不仅不衰败，反而越来越兴旺，这在世界上是绝无仅有的，不能不说是中国建筑文化的一大奇观。

"以庙为县"，是曲阜孔庙的又一"奇"。原来山东曲阜县城在孔庙以东十余里，因为在城外，时有流寇侵袭。在明代就将县址西移到孔庙的所在地，即以孔庙为中心重新

山东曲阜孔庙航拍

建城。这在中国古代数以千计的城市中，找不出类似的第二例。正因为如此，孔庙在曲阜县城中占据着很重要的位置：它那长 630 米、宽 140 米的巨大的建筑群正好位于县城南北的轴线上，向南的孔庙正门正对着南门城楼。而建筑群的轮廓线也高高超越于城内其他建筑之上，很远就能看到庙堂成组的黄琉璃屋顶在蓝天下闪耀。

孔庙建筑的艺术魅力首先在于总体布局的成功。在它纵长的轴线上共置列了十一座大小建筑，九进庭院。古代设计匠师很大胆地将主体建筑集中在后部，而空出前边很长的距离来进行系列空间的塑造。南部是孔庙的前导部分，利用重重门坊和墙垣将纵深很长的空间分隔成大小不同的横向院落。在第一道门——棂星门前，立有"金声玉振"石牌坊一座；过石坊，渡泮水桥，穿棂星门，又有两座石坊横跨甬道，前题"太和元气"，后题"至圣庙"。至此，进入孔庙正门前的一段前奏才告结束，浑朴古雅而又有节奏的起始与这座礼制建筑的历史人文价值互相呼应起来。

至圣石坊后便是圣时门，这是孔庙的正门，因孟子的"孔子，圣之时者也"而得名。门内是一处略成方形较为疏阔的院落，一条璧水河横贯其内，河上架三座平列的拱券

孔庙圣时门璧水河

桥，通向院那头的又一道门——弘道门。弘道门和大中门之间是一个横长形的院子，过大中门，就进入了前导部分最后的一进院落，孔庙前半部唯一的一座主题建筑，三层飞檐、气势轩昂的奎文阁就耸立在北边。

占孔庙总深度一半的这四进前导庭院，没有在建筑上做文章。除了前奏部分以三座牌坊来加强空间的节奏感外，主要是以密植在空旷庭院内的古柏树以及甬道两旁的一些古代碑刻来渲染礼制建筑应有的庄重、静穆气氛，是我国古代建筑艺术中"以虚带实"的大手笔。

孔庙大成殿

　　奎文阁后是南北进深很小的十三碑亭院，院内分两列置立着十三座御碑亭。如此多的黄亭子，以及南八北五的排列组合在其他坛庙中是看不到的。碑亭院实际上是引导部分和北边祭祀部分的衔接，小院北侧开的五座门将人们引进了孔庙的主体建筑群：中间的大成门和左右两侧的金声门、玉振

门通向大成殿；西边启圣门通向祭祀孔子父母的西配殿；东边的崇圣门通向供奉孔子上五代祖先的东配殿。它们各自组成院落，但两边配殿小院要比中间的院落狭小得多。

大成门内的院落是孔庙最雄丽壮观的空间：北边耸立着中轴线上的主建筑，高32米、阔54米的大成殿。殿身面阔

孔庙杏坛

九间，下有两层雕石台基，殿顶重檐黄琉璃瓦歇山顶，这些都表明了它是封建社会仅次于太和殿的重要建筑。殿前有宽阔的大月台，是历代祭祀孔子举行舞乐的地方。两边有长长的庑廊相绕，在正中甬道上，还点置了一座造型奇特华丽的小建筑——杏坛，相传是孔子生前讲学的地方。整个庭院空间布局规正、稳重，主题突出，廊庑围绕，与前导部分的庭院正好是个对比。这一布置方式也成了全国各地孔庙总体规划的样板。

　　孔庙的单座建筑也有它自己的特色。如初建于宋代、明代重修的奎文阁，上边两重檐口和平座的组合使人想起了重檐歇山顶的门楼，而底层却又是列柱环绕的楼阁形式，它立基于第四进院落北围墙的正中，在功用上也起到拱卫大成殿的门楼作用，是两种不同形式古建筑的有趣组合。杏坛虽小，但其屋顶形制也很特别，顶檐既不是方形攒尖，也不是歇山，而是四面均出山花，这在建筑上称作十字脊顶，这样就使坛成为中心轴对称的建筑，看上去分外匀称平衡。而大成殿四周廊下环立的二十八根石柱更是罕见的艺术瑰宝。前檐下的是十根深浮雕的云龙石柱，每柱上雕刻有两条盘龙，上下对舞，中间雕宝珠，四周刻云朵，柱身下端刻以山峦、波涛作为陪衬。后檐及两山下的十八根柱为水磨线雕石柱，柱为八角，每面线刻着九条团龙，每根柱刻龙七十二条。所有这些雕刻，均是徽州的民间工匠在明弘治十三年（1500 年）制作的，其优美生动的造型，堪称古代建筑雕刻中的精品。

　　书院是古代很重要的教育研究机构，从"成教化"这点上看，它也应该属于礼制建筑的范畴。而且书院每每也辟有专室供奉孔子及其他先哲的牌位，带有不少祭祀的意味。与

广东陈氏书院的装饰彩塑

学宫不同，书院很讲究环境的清静优美。古人相信"静则生慧""钟灵毓秀"等说法，所以读书学习也要选择山明水秀的风景之地。如北宋著名的四大书院中，除睢（suī）阳书院在河南商丘，较少风景名山之外，其余三所都在山水名胜之地：嵩阳书院在河南登封中岳嵩山的太室山南麓；岳麓书院在湖南长沙郊外岳麓山下；白鹿洞书院更是直接建在风景区，位于江西庐山五老峰下的山谷中。而建筑群的基本组成部分，和设在城市中的学宫并无很大的差别。

中国建筑史上比较有价值的书院还有广州的陈氏书院，

是广东现存祠堂建筑中最完整、最华丽的一处。这座建筑虽名为书院,却和其他大书院不一样,它是由陈氏族人出资兴建的综合性公共建筑,除了供族中子弟读书外,还可作集会议事之用,而且还设有祭拜祖宗用的宗祠。所以人们又称之为陈家祠堂。按照古代对礼制建筑的功能要求,陈氏书院可以名副其实地称为陈家小"明堂"了。

书院采用了岭南地区典型的祠堂建筑形式,共五间三进,六个院落,十九个厅堂,面积一万多平方米。平面对称布置,大堂供族人集会之用,后堂是宗祠,两侧偏房就是书院用房,厅堂和厢房都有庑廊相连。整个建筑群规模较大,布局严整,均衡对称,虚实结合,融会贯通。

陈氏书院最为人称道的是建筑的富丽堂皇,装饰的精巧奇美,雕刻的多姿多彩。书院所有建筑物的内外上下都满布雕饰。从题材来看,有山川风光、亭台楼阁、圣贤豪杰、仙翁神女、鸟兽虫鱼、梅兰竹菊、岭南佳果……从材料上分,有陶塑、泥塑、石雕、砖雕、木雕、铸铁等。从艺术表现上看,构图完整、刀法精巧、刻画细腻、色彩艳丽,可说是集广东民间建筑装饰艺术之大成,琳琅满目,美不胜收。

乾隆四十九年(1784 年),在北京孔庙西边的国家级学宫——国子监的中心，修建了一座重檐黄瓦四角攒尖顶的方殿，这就是我国古代文教建筑中最奇丽的建筑——辟雍。"辟雍"这个名词由来已久。《礼记·王制》中谈到教育建筑时说："小学在公宫南之左，大学在郊。天子曰辟雍，诸侯曰泮宫"，可见辟雍也是太学的别名。辟雍在古代也经常和宗庙、明堂等混为一体，东汉蔡邕《明堂论》说礼制建筑，"取其宗祀之貌，则曰清庙；取其正室之貌，则曰太庙；取其尊崇，则曰太室；取其乡明，则曰名堂；取其四门之学，

北京国子监辟雍

则曰太学；取其四面之周水，圆如璧，则曰辟雍。异名而同事，其实一也"。在礼制建筑分工已很明确的清代，乾隆皇帝突发奇想，要按古制建一座辟雍，目的是很明确的，即要借助建筑艺术的手段来创造古辟雍的形象，来宣传他的礼乐盛事。

辟雍是清代皇帝到国子监讲学的地方，所以它要位于这座国家学堂的中心，以强化它作为全国最高教育建筑的地位。殿正方，位于圆形水池的中央，取"四面之周水，圆如璧"之意。两者皆为十字轴线对称，四面正对轴线处各设一桥。从上到下是黄瓦、红柱、白玉石栏杆，浮于碧水之上，色彩很是协调。虽然建筑总的构思意念是仿古的，但是具体处理上却是应用了清代宫殿建筑很成熟的艺术手法，整座建筑比例稳妥，环境开朗，气氛严肃，具有很典型的纪念性建筑的性格，是古代礼制建筑中的珍品。

园林巧构

　　我国古典园林艺术的宗旨是"虽由人作，宛自天开"，即它是将自然界美丽的景色经过组织、浓缩，按艺术家的构思，再现出来的一种艺术。它既讲究景色的天然之趣，又强调艺术家主观意识的熔铸；既突出山水花木等自然之物的造景作用，又重视其他艺术手段的辅助和点缀。在园林的布局结构中，建筑是造园家对山水植物景观进行加工点缀的主要手段，而在造园的三大要素中，唯有亭台楼阁和廊桥等建筑才是完全由人工创造的，它们在园林中常常集中表现出造园家在艺术上的奇思异想，起着很大的作用。

## 游居结合谱新曲

　　中国园林是一个覆盖面较大的艺术门类。除了人们熟知的帝王苑囿花园和文人的私家花园之外，还有寺庙建筑的附属花园和城镇郊区供大众游览的山水风景园林，甚至那些长期经人们开发管理的名山胜水风景区，也可归属到园林艺术中来。尽管园林分类很多，但它们的立意是一样的，都是要创造出一种游居结合的良好环境。

北宋画家郭熙在评论山水画时说过："山水有可行者，有可望者，有可游者，有可居者。画凡至此，皆入妙品。但可行可望，不如可居可游之为得。"这是对古典园林影响较深远的立论。其实，绘画只能将立体的山水风景转化为平面的形象，它所表现的游居境界很大程度上是欣赏者的一种审美联想，只有园林艺术才能再现自然山水的美色，使人们能真正进入艺术作品内部，"游""居"于其中。而园林的"可游""可居"是与园林建筑直接相关联的。

山水植物等自然景观当然是游赏的重点，但要是没有人工创作的廊、路、桥和亭台楼阁等建筑的组织与指引，这些山水最多只能从远处观望一下，谈不上什么游居。另外，作为一种人工创作的艺术品，建筑以它的体量和姿态，常常成为山水风景中的主题，对游赏者有着特殊的吸引力。古园中的许多名景，也每每和建筑相关联。而可居更是少不了建筑，那宴客集会的主要厅堂，那静心读书的幽静小斋，还有赏荷赏月的临水月台，都是园居的重要内容。因此，尽管园林有着不同于建筑的思想内涵，但仍然要以建筑作为布局和造景的主要手段。园林建筑实际上是山水景物和游人之间的一种过渡，它不仅能引导人们去欣赏美丽的山容水态，又可利用自己的庇护作用给游人提供诸如遮阳、避雨、小憩和品茗等观赏上的方便。这也是建筑被列为造园三大要素之一的原因。中国的园林风景和建筑间的密切关系被认为是自然与人和谐合一的一种表现，一直为人们称赞。曾有英国艺术史家说："园林成为一种成功的事物，它就是游山玩水经验的反映和模拟创作。当人们置身其境时有如在最荒寒的山水画中，其间差不多常常都有一些人物、茅舍、山径和小桥。建筑和自然间没有被分割开来。中国的园林较之欧洲有更多的建筑元素，这种合而为一的东西是中国传统上的一种伟大的成就。"

建筑是一门独立的艺术，有着自己的规律和艺术原则，像我国建筑的木构架结构系统，由台阶、梁柱和屋面组成的三段式造型，向上反曲的大屋顶，按中轴线层层递进的群体组合方式，都被认为是东方建筑艺术的主要特点。但是当建筑走进园林，为了要与山水风景融合在一起，就必须对这些特点进行选择，而形成园林建筑的独特个性。

园林建筑具有随宜多变的特点。正规古建筑那种强调中轴线、对称的群体布局方式首先被摒弃了。为了适应山水地形的高低曲折，园林建筑布局极为随宜多变，可在山巅，可在山际，就连那些作为主要起居活动场所的厅堂，也可从赏景的目的出发，灵活布置。这种顺应自然、自由随宜的布局，与古代道家宣扬的"清静无为""天地有大美而不言"的思想有很大关系。中国古典艺术受儒家和道家的影响最大，建筑艺术亦然。正规建筑的对称、覆压地面四平八稳的布置就是受了儒家宗法伦理思想的制约。作为儒家的对立面和补充，道家提倡的顺应自然、浪漫自由的思想就更多地在园林建筑上得到反映。

由顺应自然所派生，园林建筑的形象也就具有多曲的特点。自然山水风景多数呈柔和的曲线，很少有笔直方正的几何形状。因而园林中的亭台楼阁也要与之相呼应，尽量地"曲"，除了体现最基本力学规律的梁柱构架必须保证垂直之外，其他平面常常变为六角、八角、圆形、扇形、梅花形等。本应该以直线组成的路、桥、廊等也可因宜地变成曲径、曲桥、曲廊，建筑的屋顶外形、屋角起翘、檐口滴水、檐下挂落以及室内梁架等部件也呈现出很协调的曲线。为赏景而设的美人靠几乎全用曲木制成，连踏步、台阶也常用自然石块来铺。这种由"直"至"曲"的改变，使建筑与周围的风景环境能和谐地组合在一起。从道家观念来看，这些非对称、不规则、曲折起伏而多变的形状正是对自然本源的一种神秘、深远和持续的感受。

与正规殿堂建筑相比，园林建筑风格较为雅朴。"雕梁画栋"是古代诗人形容建筑美的常用语，前面介绍过的几大类建筑也都有比较华丽的装饰。而园林建筑基本上不使用宫

颐和园仁寿殿

殿、庙堂等正规建筑常用的彩画和雕刻等繁缛艳丽的装饰，而是追求一种雅朴的风格。"雅"是我国传统美学中一个很特别的范畴，通常是指宁静自然、简洁淡泊、朴实无华、风韵清新。这些意境在园林建筑上均有所体现。例如，颐和园东宫门内的仁寿殿，是清朝皇帝园居时接见大臣宾客的殿堂，但它却没有像宫殿那样用琉璃瓦铺顶，檐下也不施宫廷专用的和玺彩画。当年西太后起居的乐寿堂和前边的庭院布置得也很雅静，全无宫廷大内那种豪华繁缛的装饰。

拙政园海棠春坞

　　江南园林中的一些巧筑，更是简洁淡泊之极。就说开间吧，正规建筑一般采用一、三、五、七等奇数，级别越高，开间也越多。而在园林中，非但常有二、四的偶数间出现，而且还根据需要出现了一间半和两间半的形制。如苏州留园东部的揖（yī）峰轩，是石林小院中面对石峰的小斋，这里庭小景精，石峰、翠竹、芭蕉组成了小而雅的欣赏空间，小斋为了配合，采用了两间半的布局。同样，苏州拙政园的海棠春坞也是一小庭院内的主建筑，院中以垂丝海棠和石峰造景为主题，小斋也只用了一间半的形制。正是由于建筑做出了巨大"让步"，才使这两处小院景色呈现出雅洁、别致、活泼的风貌。

　　园林建筑一般还具有空透灵巧的特点。正规建筑中，"实"的围墙在园林中往往被"虚"的栏杆和空透的门窗所代替，一些位于风景精华之处的亭阁小筑，干脆连门窗也不要了，四根柱子顶着一个屋顶就成。在这些建筑内，人们可以自由自在地环顾四周、尽情赏景，正如古人所说："常倚曲栏贪看水，不安四壁怕遮山。"同时，建筑的空透开敞又使室内外空间互相流通、打成一片。从外面来看，亭榭很自然地融在整个风景环境之中；而在建筑中的游人，也同样能感

颐和园山色湖光共一楼

受到外部山水空间的迷人。北京颐和园前山西面，有座阁楼叫山色湖光共一楼。这里既能看见玉泉山和玉峰塔，又能俯瞰昆明湖的碧水清波，通过它开敞的"四壁"，几乎把外部山水空间的景致都引接到建筑中来。再如"画中游"小亭，并不是指亭子如画，而是说亭子所处的山水环境美得如同画一般。游人走进亭子，也就是来到了如画的风景中，这就是园林建筑的奇特之处，正如计成所著的《园冶》说的："轩楹高爽，窗户邻虚，纳千顷之汪洋，收四时之烂漫。"

园林建筑还直接将文学艺术和建筑结合在一起，将充满诗情画意的园林意境，通过文字的勾勒在建筑的楹联和匾额上表现出来，建筑因为有了题对而增添光彩，而题对也因刻在建筑上而声名更著，两者相辅相成，相映生辉。匾额是园林建筑的眉目，它常常点明园林意境的主题。像上文所举的"画中游""湖光山色共一楼"等，其实都是建筑的题额，既是景名，又是风景意境的精华。其他如圆明园四十景、避暑山庄的康熙三十六景和乾隆三十六景等景名，也常常用景区主建筑的题额表示出来。有的建筑因为用了历史上著名文学家的诗句或文学故事作题额，也大大增加了风景的诗情画意。如安徽滁州西郊的醉翁亭，因为欧阳修的游历和《醉翁

颐和园画中游小亭

亭记》而吸引着大批游人。还有取自白居易诗句"更待菊黄家酿熟，共君一醉一陶然"的陶然亭，取杜牧诗"停车坐爱枫林晚，霜叶红于二月花"的爱晚亭等，都是建筑及题额双绝的著名园林景亭。

楹联更是园林艺术不可少的点景方法，也是园林建筑最耐人寻味的装点。楹即柱，楹联便是刻在木板或竹子上、挂在柱上的对联。好的楹联常把赏景者也结合进去，使游人读后会从心田升起强烈的美感。如杭州西湖孤山的楼外楼，有一联："客中客入画中画，楼外楼看山外山。"每一个读到此联的游人都会被"画中画"所打动，他们环顾四周，但见"淡水浓山画里开，无船不署好楼台；春当花月人如戏，烟入湖灯声乱催"的西湖美景，更会品味到"楼外楼看山外山"的意境。有的楹联能将建筑题额的内涵展得更宽更广。如"平湖秋月"景观中临水的一处小轩上，悬有清人彭玉麟一联："凭栏看云影波光，最好是红蓼花疏，白蘋秋老；把酒对琼楼玉宇，莫辜负天心月到，水面波来。"上联以云影波光、红蓼白蘋点出深秋西湖的美色，下联以把酒对月、月到天心描绘了湖月的宁静。全联情景交融，读来使人心神陶醉。

# 点景赏景总相宜

亭是古典园林中建得最多的一种园林建筑，它们或屹立于山峦之巅，或依附在高墙之下，或漂浮在水面之上，以玲珑美丽、丰富多姿的形象与其他风景相配合，构成一幅幅引人入胜的图画。亭又是游人赏景和休憩的好地方。园林风景中，凡建亭之处，每每有佳景可看，毕竟它是造园家指导游人从动观浏览转为静观细赏的常用手段。由于亭的体量小、变化大、造型设计比较灵活随意，因此是造园艺术家最喜爱用的点景赏景兼顾的园林建筑。

亭的历史十分悠久，但古代的亭其实并不是园林建筑。周代时，亭是设立在边防要塞的小堡垒。秦汉时，亭是中央政府驿站交通的管理机构，汉高祖刘邦就做过亭长。所谓"十里一长亭，五里一短亭"，主要也是指路旁供休息用的亭。到南北朝时，亭开始出现在风景中，如隋代江总曾写过《永阳王五斋后山亭铭》。隋唐时，园林中的亭逐渐多起来了。隋炀帝的西苑有逍遥亭，唐明皇的兴庆宫有沉香亭。到了宋代，亭已是园林中不可少的建筑了，建筑专著《营造法式》还专门记述了亭的图式和建造技术。但亭原有的供人

休息的作用一直没失去，《园冶》中仍说"亭者，停也，所以停憩游行也"，只不过为了置景之需，变得更灵活更轻巧罢了。

园亭欣赏，首先看它选址地点的巧妙，然后品其姿态造型，唯有两者结合，方能领悟造园家奇巧的匠意。例如北京北海公园湖岸的北端比较平直，地势也低平，从南岸或琼华岛看来，景色显得比较呆板。造园家便在这里设立了一组园亭——五龙亭。这五座亭子布局极为巧妙大胆，它采用了一般园林少用的对称格式，中间的龙泽亭凸出湖岸最远，两

北海五龙亭

侧的澄祥亭和涌瑞亭稍退后，再次的滋香亭、浮翠亭离岸最近。为了突出中心，五亭的屋顶也用了不同形制，滋香亭、浮翠亭为单檐方攒尖；澄祥亭、涌瑞亭为重檐方攒尖顶；龙泽亭最高大，下层为方檐，顶竟变成圆顶，出现了方亭带圆帽的别致造型。这样从塔山上或湖东岸看来，这五座水亭绚丽多姿、前后参差，各亭间有曲桥相连，很自然地丰富了北海北岸的景色。

亭安排得得当，也能强化勾勒出山景的美。景山是故宫的北部屏障，相对来说山形较为平直。为了使山更富于变化，在山上五峰之巅各立一亭，五亭的平面和屋顶形式均不同：最外侧两峰上东建观妙，西建辑芳，均是体形较小的蓝琉璃瓦重檐攒尖圆亭；主峰两侧山峰上置以体量稍大的绿琉璃瓦重檐八角攒尖顶亭各一座，东名周赏，西名富览；而中间正对故宫中轴线的主峰上，建了一座非常高大的三层檐黄琉璃瓦方亭——万春亭。造园家用亭的不同形制、不同颜色、不同体量来强化中间轴线的重要，同时又很巧妙地勾勒出山形的高大曲折。

颐和园知春亭

　　从观赏山水风景的角度上说，颐和园东堤上的知春亭是构思甚为机巧的一座。站在亭内，前方180°视角范围内，几乎可以收入颐和园全部精华之景：从北面万寿山前山各景到西堤六桥堤柳，远处的玉泉山，更远的一抹如黛的西山，直至南面的南湖岛、十七孔桥、铜牛，形成了恰似中国画长幅手卷式的完整的风景画面。在这画幅上，近景、中景和远景配合得非常妥帖。前山的排云殿、佛香阁和智慧海等著名景点恰恰都位于最佳观赏距离之内，游人能细心品赏它们的整体气势和造型。而从乐寿堂等万寿山沿湖景点眺望东堤，知春亭站在东堤之前，四周水波荡漾，又增加了湖面的层次变化，是很好的景点。

　　江南的湖山风景园林，也极重视亭景的塑造。据《西湖新志》载，杭州西湖风景中，著名的亭子有四十六座。如瀛洲岛（三潭印月）九曲桥上的"开网亭"，三柱三角，造型雅致；飞檐翼然，姣小娟好，被誉为小亭之首。而建于湖心亭岛上的振鹭亭（即湖心亭），重檐攒尖，飞檐翘角，好像是镶嵌在西湖这一轮美丽镜月中的广寒宫。明代文学家张岱在《西湖寻梦》中赞美道："游人望之如海市蜃楼，烟云吞吐，恐滕王阁、岳阳楼俱无其伟观也。"再如绍兴兰亭园中著名的兰亭，为纪念东晋大书法家王羲之而设。兰亭四方单檐，为突出其在园中的地位，亭顶建得特别考究，在四坡攒尖顶结顶时又特意做了两层叠起的小平台，这在建筑上称为盝顶，上面再置一个小小宝瓶，显得非常别致。

中国古典园林"巧于因惜"，常常利用建筑和山水的相对关系，使它们能互相衬托、互相借鉴。因此园亭的设置也十分注意通过门洞、窗洞来创造完美的对景和框景。有时为了画面的新奇，还设计了不同造型的门窗形式和建筑平面，

西湖开网亭

与谁同坐轩

其中扇形是经常见到的。苏州拙政园西部的"与谁同坐轩"
就是一座扇形亭。亭的平面形式、前后窗以及室内家具均作
折扇形。小亭的选址非常巧妙，正好位于一个小岛的尽端，
三面临水，一面背山，其扇形张开的一边正好位于水边，有
很广阔的景观视野，从面水的大扇形窗向外望，池对岸的石
矶高高低低，曲折的波形临水长廊漂浮其上，远远又正对着
别有洞天的圆形洞门。扇形窗两边是两个古式瓶形洞门，一
边对着倒影楼，一边可看到园内主要厅堂"卅六鸳鸯馆"，
而面山的那一小扇形窗中又正好映入山上笠亭的倩影。坐亭

中凭几小憩，左右环顾，所见的是大小形状不同的园林风景画，选点之妙，由此可见。亭外题额"与谁同坐"取自苏东坡的词句"与谁同坐，明月清风我"，更是点出了此处清幽、洁净的意境主题。

与谁同坐轩对面黄石山上的宜两亭，是专为借景而设的。当年拙政园西部与中部分属于两家，为了能借入中部的湖山景色，便邻近围墙建了这座高踞山巅的小亭，以白居易"绿杨宜作两家春"的诗意，取名为"宜两亭"，堪称是园林借景的大手笔。

拙政园宜两亭

园亭常用圆形门或窗来"框"景，因为圆在中国人的心目中象征着美好、团圆、周而复始和永恒无尽。而圆景又有点类似宫扇上的山水画，很别致。有的亭四面辟四个圆门，各收入外边的佳景，像扬州瘦西湖中的吹台（现名为钓鱼台），三边临水，一门环住五亭桥，一门环住

小白塔，一门环住小金山上的风亭，如此机巧的设计令每个游人都叫绝。拙政园的梧竹幽居也是如此。此亭位于中、东部隔墙长廊中间，对山面水，广栽梧、竹，是一个"凤尾森森，龙吟细细"的幽静之处。四圆洞门可看不同的园景。在面水的洞门两边挂有一联，上联是"爽借清风明借月"，下联为"动观流水静观山"，题额是"月到风来"。不仅道出了绿水清波、磊块假山的动静对比，还借入了大自然的清风明月，构成了虚实相济的迷人意境。

在城郊风景园林中，亭常常是组织游览、点明风景主题的主要风景建筑。例如桂林的叠彩山，是风景区的制高点，园林设计家在山脚到山顶的游览线上，设置了三座形状各异的亭子。山下是"叠彩亭"，这是风景序列的起首，亭中悬"叠彩门"匾额，亭侧崖壁上有古人"江山会景处"的题字。行至半山，有"望江亭"在焉，青罗带似的漓江就在山脚下曲折流过。待到登上最高峰明月峰，便可见绝顶上立的"拏云亭"，这"明月""拏云"的题名使游人备觉其高，而于亭中外望，可谓极目千里，整个山似碧玉簪的桂林山水，统统伏于脚下。

园林亭子的变幻是没有穷尽的，有的亭子做得很大，其体量甚至超过一般的殿堂。如颐和园十七孔桥东边的廓如亭，面积达130多平方米，当年是皇帝停轿及侍奉人员休息用的。整座亭子由外圈二十四根圆柱和内边两圈共十六根方柱支撑着，顶为八角重檐攒尖式，体形舒展而稳重，气魄较大，和十七孔桥与南湖岛保持着一种协调的均衡。而江南园林假山的亭则做得很小，像苏州怡园荷花池西边山上的螺髻亭，因为要衬出池水的宽阔和假山的雄峻，做得如同螺髻一般小巧，六角形平面的每一边仅宽一米，高也只有二米多，伸手可摸檐口。而根据明代顾起元《客座赘语》所言，六朝陈后主的御苑装点得似花如锦，他为了与小周后两人尽情娱乐，专门造了一座仅能容两人促膝而谈的小亭，亭子雕刻华美，形体轻巧，人称"两人亭"。这大概是"亭史"上最小的亭了，比起螺髻亭还要小得多。

还有的亭子为了满足园主人在风景中玩乐的需要，在亭子地面上开凿了弯弯曲曲的小渠，将园林中的流水引入亭内，这就是流觞曲水亭。流觞曲水是古代文人集会时经常举行的一种游戏：人们沿曲折小溪坐开，上游第一人为主人，出题让下游各人对和。每次开始时，便在水面上放一大盘，盘上载酒一杯，顺流漂下，每当漂到某人面前，此人便要及时联上一句，否则便要罚酒三杯。历史上最有名的流觞曲水是东晋永和九年（353 年）王羲之等人在会稽兰亭的一次。这种边赏景边观水边开怀畅饮，同时以游戏形式进行创作活动的娱乐很为古人所喜爱，也成为古典园林的一个内容。到了宋代，在园亭中设流觞曲水已很盛行。当时官方编的《营造法式》中，已收录了多种流觞曲水的地面做法。清代乾隆皇帝在为自己引退后养老而修的乾隆花园内，也设置了此亭，这就是古华轩西侧的禊赏亭。流觞用的水来自衍祺门旁水井边上的两口大水缸，每次流杯前都要先命太监将水缸灌满。此外，北京恭王府花园园门右侧假山旁的流杯亭也保留

颐和园廊如亭

了当年流觞欢娱用的小沟渠。

　　总之，园林中各式亭子是根据园景的需要、游览组织和游赏功能的需要灵活创作的，它集中反映了造园家的天赋和奇想，是我国古建筑中的精华。


## 水光山色共一楼

　　"欲穷千里目，更上一层楼。"

　　人们游赏山水风景，都喜爱登高远眺，古典园林艺术的立意构思，也每每在高处设立楼台，以供游人凭栏远望。从园林借景、对景的艺术原则来说，远眺是借景很重要的一个方法，它能使局部的风景空间无限地延伸出去，将园外的山水林泉之景借入园内，为我所赏。所以一些位于城中的古园几乎都要建远看廓外青山的楼观。如苏州拙政园、沧浪亭的看山楼，留园的远翠阁，上海豫园的观涛楼等。计成在《园冶》中也明确指出"山楼凭远，纵目皆然"，只有站在高处，提高了赏景视点，才能"极目所至，俗则屏之，嘉则收之，不分町疃，尽为烟景"，才能使园林达到"纳千顷之汪洋，收四时之烂漫"的艺术境界。

因规模和范围的限制，一般文人园林中的楼台不能造得很高，登楼赏景所产生的"纵目皆然"的感受，还多少要加入观赏者本人的某些联想。而风景园林中的楼台就没有什么限制了。它们可以建得很高，或濒临大江，或耸立于山巅，其视野之广阔，景观之多样，完全可称得上是"仰观宇宙之大，俯察品类之盛"了，这样的极目远眺，的确"足以极视听之娱"。

楼常与台组合在一起，称为楼台，它是园林风景中的高耸建筑，其渊源恐怕要追溯到秦汉时的高台建筑。本来古时台的一个重要作用就是观望，只不过当时还没有将观望风景作为一种主要的目的。汉武帝听信了"仙人好楼居"的说法之后，在上林苑中建了许多高楼，当时称之为观。到了汉末，楼的赏景作用渐渐占了主导。像建安七子之一的王粲就作过一首著名的《登楼赋》，赏景抒情，抒发了远离家乡游

子的缕缕情思。到了南朝，随着山水风景区的开发和造园热的掀起，园林中、名胜风景中的楼房也建得多了，如著名的黄鹤楼就是在这一时期内建的。文人百姓"登百尺以高观，嘉斯游之可娱"也越来越多。所以游园赏景、登高望远的审美习惯都是在历史中养成的，它代表了我国园林文化的一个

岳阳楼

传统。

万里长江养育了中华儿女，也是祖国的一大名胜，有多少迁客骚人为之折腰。为了望尽孤帆远影和天际的江流，沿江上下，有许多城镇都设立了高楼，其中最出名的要算四大名楼：岳阳洞庭湖滨的岳阳楼、武昌黄鹤楼、马鞍山采石矶太白楼、镇江北固山多景楼。这些楼选址均很奇妙，每每居高临下、滨江近水，是古人清明踏青和重阳登高的好地方，往往发展成为这些城市重要的风景园林。

"洞庭天下水，岳阳天下楼。"自从宋庆历五年（1045年），滕子京守巴陵郡，重修岳阳楼并请范仲淹作记之后，岳阳楼名声大噪。那"春和景明，波澜不惊，上下天光，一碧万顷"的美妙风景，以及登楼时心旷神怡的赏景美感一直吸引着大批游人慕名前来。其实岳阳楼早在唐代已很负盛名了。开元四年（716年），当时谪守岳州的中书令张说，将原来位于城西门楼上故三国东吴的阅兵台改建为一座高大楼观，取名为岳阳楼。因楼濒临洞庭，朝晖夕阴、气象万千，所以不少诗人文学家均前来游历，李白、杜甫、白居易等大家都在这里留下了脍炙人口的诗篇。

从唐至清的一千多年中，名楼遭水灾兵火，几经兴废，现在的楼是清同治年间所造，主楼平面为长方形，宽 17.24 米，深 14.54 米，全木结构，三层三檐总高 19.72 米，四面环以明廊，以便人们登楼眺望那横无际涯、气象万千的湖光山色。特别要提及的是岳阳楼的屋顶形制，它不是庑殿，也不是歇山，而是形似古代将军头盔的黄琉璃瓦盔顶。盔顶形状奇特，四条斜脊有明显的曲折变化，施工较为复杂，岳阳楼的盔顶是我国现存古建筑中最大的一座。

黄鹤楼

巍然兀立在湖广重镇武昌长江边上的黄鹤楼，亦因诗人的逸事和名句而闻名天下。据传，唐代诗人李白游武昌蛇山黄鹤楼时，被眼前美景所陶醉而引发诗兴，但抬头一看诗人崔颢已有诗题壁："昔人已乘黄鹤去，此地空余黄鹤楼。黄鹤一去不复返，白云千载空悠悠……"李白深深为诗中所描写的情景所折服，随口说出"眼前有景道不得，崔颢题诗在上头"便弃笔离去。由于木构建筑，特别是高层楼阁易遭火灾，这座当年李白眺望"唯见长江天际流"的名楼在历史上不知毁了多少次。据记载，仅明清两代，就重修了八九次，而最后在光绪十年（1884年）被烧掉之后，一直没有重建。然而，根据北宋界画（古代使用尺和引线等工具描绘建筑物）、元永乐宫壁画等形象资料来看，当时黄鹤楼的确非常雄伟美丽，不愧为我国古建筑史上的一大名楼。

从画上看，宋代时的黄鹤楼，是一座很复杂的大型建筑，它雄峙在下瞰大江、紧邻城墙的高台上，有踏磴可下城墙之上，进楼之前尚有一牌坊以标名胜概。在高台上，主楼四周有小轩、曲廊和亭阁相绕。空间和体量极为丰富多样。建筑临窗皆有座，可供人们憩息宴饮、极目赏景。楼的屋顶更是尽其变幻之能事，高低错落、前后参差，主楼采用十字

李公麟《黄鹤楼图》，北宋

夏永《黄鹤楼图》（局部），元

脊，歇山山花朝前的华丽制式。檐下斗拱和挑台下斗拱相互呼应，曲栏、直窗又互为对比……总之，整座建筑有宾有主、重点突出，虽繁复但不杂乱，既华丽又庄重。正如北宋诗人张咏所写的："重重轩槛与云平，一度登临万想生。黄鹤信稀烟树老，碧云魂乱晚风清。何年紫陌红尘息，终日空江白浪声。莫道安邦是高致，此身终约在蓬瀛。"

元代壁画中的黄鹤楼，其屋顶形制、檐下斗拱、围绕以廊等均与宋代相差无几，只是楼前专门设立了赏景用的高台。主楼楼层有旱桥可直接上台，台围以雕栏，其形式与居庸关云台有些相似。后来每次重建时，黄鹤楼形式均有较大的改变，到清代同治、光绪年间，楼已变成三层楼三层檐、方形四角各折两折的亭楼式建筑了。现在我们看到的是1985年重建时以钢筋混凝土仿木的黄鹤楼，基本上按清代式样改建，只是要高大壮观得多。黄鹤楼集神话传说（其得名来自黄鹤的传说）、文学故事、诗篇辞章和建筑艺术、园林风景于一体，尽管新修楼阁尚不能完全反映当年盛时之面貌，但它离奇的经历和悠久的历史将会与山水共存，为美化山河做出新贡献。

"海神来过恶风回，浪打天门石壁开"，在安徽马鞍山当涂县天门山下，临长江有一处怪石峥嵘、松竹滴翠、悬崖壁立的险地——采石矶，因受天门山夹峙，大江千里泻流至此格外湍急。唐代大诗人李白晚年寄寓当涂，特别喜爱此处的山水。传说李白最后的时光也是在这里度过的，一次他在江边石台（现名捉日台）上痛饮，举杯邀明月，不见月下来，愤然跳入江流中捉月而仙逝。宋代诗人梅尧臣有诗曰："采石月下闻谪仙，夜披锦袍坐钓船，醉中爱月江底悬，以手弄月身翻然。不应暴落饥蛟涎，便当骑鲸上九天……"为了纪念李白，唐元和年间便在采石矶上建楼，名太白楼，也叫谪仙楼。楼亦饱经沧桑，多次毁坏，今存之楼是清光绪年间修造的。楼依山而建，前后共三进，左右回廊相绕，主楼为三层木构建筑，黄绿琉璃瓦重檐歇山顶。因后世文人十分崇敬李白，视他为诗仙，楼也修得雕梁画栋、气势轩昂，与诗人生前落拓的境况形成对比。楼内集有太白手书拓本和各种诗集，还有其黄杨木雕像。登楼远眺，但见青山对出、江水中流、翠峦叠起、亭阁隐现，景色绮丽无比，被誉为"风月江天贮一楼"。

镇江北固山素有"天下第一江山"之称，在山北临江的百丈悬崖陡壁上，兀立着一楼，宋代大书法家、大画家米芾

为之题额"天下江山第一楼",这便是多景楼。多景楼之名
声,首先在于它奇绝的地理位置。北固山高耸挺立,三面突
出于长江之中,站在天下江山第一楼中,八方景色皆汇于眼
前:低头俯视,万里长江奔腾而过,"洪涛滚滚静中听";极
目远眺,"行云流水交相映",维扬城郭遥遥相见;左右环顾,
金、焦二山像碧玉般浮在江面之上,"浮玉东西两点青",如
此博大壮阔的欣赏环境,在我国名楼中是独一无二的。难怪
苏东坡在其长诗《甘露寺》序文中称赞"润州甘露寺多景

楼，天下之殊景也"。晚唐诗人杜牧在《寄题甘露寺北轩一律》中，将此楼比作东海的蓬莱仙宫，"曾向蓬莱宫里行，北轩阑槛最留情"，诗中的"北轩"就是多景楼，因它位于北固山最北。其次，多景楼附近有许多与著名历史故事或人物相关联的景点。其东边临江，有当年孙权之妹孙尚香隔江祭奠刘备的祭江亭；其西侧有一形似绵羊的大石，相传孙刘二雄曾在此石上议论过共同破曹的大计；北边悬崖又是宋代名将韩世忠大破金兀术的地方；而山下不远处，是米芾以著

北固山多景楼

名的《宝晋斋研山图》换来、作为晚年定居润州的田庄。如此多样的景色、如此丰富的名胜，使这座被李白称作"画出楼台云水间"的名楼更加多情、更加完美。

"文因楼成，楼借文传"，四大名楼以其景色之奇美、形胜之雄险，引来历史上无数文人雅士为之歌吟、为之作文，而这些诗文名篇的流传又成功地扩大了名楼的影响，使它们能在千年之中不断重复修建，留存至今。这样的名楼在我国山水风景园林中是不少的。每当人们吟起"落霞与孤鹜齐飞，秋水共长天一色"这一名句，就会想起被誉为"西江第一楼"的南昌滕王阁。这座杰阁和唐初才子王勃的《滕王阁序》联系紧密。那"飞阁流丹，下临无地"，"披绣闼（tà，意为门帘），俯雕甍（méng，意为屋顶）"的华瞻雄伟的建筑美，那"潦水尽而寒潭清，烟光凝而暮山紫"的自然风光美，使人们怎么也忘不了滕王阁。这座楼阁在一千三百多年中，重新修建了二十九次，不能不说是《滕王阁序》的功绩。

历史中有的小楼本来并不出名，但因为有好诗文而得以传了下来。如山西永济市的鹳雀楼。此楼地处晋南中条山一隅，地偏人稀，建筑上也没有什么特色，但经唐代诗人王之涣《登鹳雀楼》一诗的传诵，它就随着"欲穷千里目，更上

滕王阁

一层楼"的名句千古流芳。文学名篇与风景建筑之间这种互相依存、互相衬托的辩证关系可称得上是我国建筑文化的一大特色，在世界上是没有先例的。

　　另一座与名人名诗连在一起的名楼是龙标（今湖南黔阳）的芙蓉楼。"醉别江楼橘柚香，江风引雨入舟凉。忆君遥在潇湘月，愁听清猿梦里长"，这是唐代著名边塞诗人王昌龄晚年被贬到龙标当县尉后的诗作。诗人到了这个当时十分荒凉僻远的地方，虽然处境非常艰难，但他却建楼台，栽花草，改造自然山水，修筑园林，并邀朋友共游赏，吟诗作

黔阳芙蓉楼

赋，醉心于山水林泉之中，写出了"莫道弦歌愁远谪，青山明月不曾空"这样潇洒、乐观的诗句。芙蓉楼，就是诗人当年饮酒赋诗的地方。楼成之后，宾客盈门，盛极一时，成为湘西沅江上的一大名楼，亦被后人称作"楚南第一胜迹"。

现存芙蓉楼是清代所构，纯木结构，面阔三间，重檐歇山顶，二层有轩廊可供眺望远山近水，古人称之"登眺则群山拱翠，俯视则万木交阴，沅水自北来环其下"，风景甚为清幽秀娴。主楼后凿有水池，名"芙蓉池"，四周遍植芙蓉花，并点以山石、廊桥等园林小景。池畔不远处立一小亭，隔池与芙蓉楼相对，名为冰心玉壶亭，这是取诗人《芙蓉楼送辛渐》诗句而命名的。全诗镌刻在芙蓉楼的石碑上："寒雨连江夜入吴，平明送客楚山孤。洛阳亲友如相问，一片冰心在玉壶。"由此，后世文人常用"一片冰心在玉壶"来表明自己光明磊落、清廉自守的胸怀。

说到古代楼房构筑的奇巧，不能不提山西万荣县的飞云楼。和大江上下的崇楼杰阁相比，飞云楼实在是一个小弟弟。它既没有岳阳楼上脍炙人口的诗文，又缺少黄鹤楼那神奇美丽的传说，凭楼所能看到的也只是"牧人驱犊返，猎马带禽归"的朴素田园之景。但飞云楼却以它复杂精巧的建筑结构，丰富多姿的艺术造型，在我国木结构楼阁之中，占有一席之地。

山西飞云楼

飞云楼创建于唐贞观年间，现存楼是清乾隆年间重建的。楼总高约40米，共四层，底层中央有四根通天柱直达顶层，与周围三十二根木柱共同支撑着高耸而复杂的楼体。楼底层平面作正方形，面阔、进深各五间。第二、第三层四面各出一个抱厦，平面变成"十"字形。二、三层抱厦的小歇山顶与四层上十字脊歇山屋顶巧妙地组合在一起，构成了飞云楼极其丰富的轮廓线。各层檐下，总共有三百零七组斗拱，重叠密致，宛如云朵簇拥、鲜花盛开，它们与檐头三十二个起翘的翼角相交织，予人以凌空直上、飘然欲飞的感觉，所以得名飞云楼。楼顶用红、黄、绿琉璃瓦铺盖，檐角悬挂着清韵悦耳的铃铎。每当晴朗时日，远眺飞云楼，但见楼台秀挺、仪态万千，颇有叠彩流霞之势。飞云楼外观保留了较多唐宋建筑风格，而结构则完全是清代格式的，这种带有某种仿古意味的建筑，历史上并不多见。

## 游廊旱舟意味浓

中国园林中，建筑的名称最多，除了亭、楼之外，还有厅、堂、斋、馆、阁、榭、居、坞、廊、轩等等，简直令人眼花缭乱。实际上，这里边有些在使用功能上是完全一样的，只是名称起得雅致一点罢了。这其中的廊却与众不同，它是园林建筑中特殊的"线型"建筑，是其他类型建筑不能代替的。

廊在园林中的用途很广，它可以用来分隔景区、联系交通、引导游人、点缀景色，和那些占据着重要位置的厅堂楼馆，或者是点缀勾勒山水的亭榭相比，廊并不是园林中的主体，但它常以小巧的体量，在有限的空间范围内，创造出迂回曲折的美景，因而它是园林布局结构中不可缺少的部分。另外廊又承担着引导园林游览路线的作用，我国园林四季宜

拙政园水廊

游，雨雪无妨，主要也得力于园林中有直有曲、将各个景点联系起来的室内游路——廊。

园林中的廊很少取直条形那种呆板的形式，大多随地形和游赏需要灵活布置。或长或短、或曲或直、随高就低，在组景中非常富于变化。在小面积的园林中，廊往往沿着水池外围或干脆依围墙布置，这样就保证了园林的主要欣赏空间不被切割。有的廊跨建于池面或涧溪之上，这叫水廊。如苏州拙政园小沧浪水院两边和西部与中部分隔的墙边水廊，都是构思很巧妙的水廊。漫步其中，山水景色倒映于水中，和眼前的真景相辉映，实实虚虚，极为有趣，有人称之为凌波仙廊。有的廊会随着地势斜上山去，这就是爬山廊。它可沿着山麓、山腰灵活转曲，遇沟溪便凌空过去变成廊桥。一些山水地区的园林，如无锡惠山、苏州虎丘拥翠山庄等，都少不了爬山廊作为联络。

廊常作为园林内各小景区的分隔，这时廊的两面往往有着不同的风景主题。为了增加游趣，有时将廊一隔为二，两边均可走人，在中间隔墙上又开了各式各样的窗洞，这叫复廊。人行廊中，除了看外边的山水景色之外，还可以透过花式窗洞看隔壁景区的风光，这时的观感犹如观赏以窗洞为画

框的活动风景画。如上海豫园从大假山右侧游廊折东入万花楼前，廊一分为二，南边临水池，可观鱼，亦可赏对面山石景，透过游廊上的瓶形、桃形、盂形的窗洞，还可以看到北边以建筑为主题的风景。游廊还可以做成立体的，纵横交错、上下盘旋，这种双层的廊叫复道廊。这种廊常利用假山的磴道作为去上层廊的垂直通道，下层廊也可接山洞。像扬州寄啸山庄（何园）的复道廊，随水池转折到尽头又连着假山，设计得非常巧妙。

园林中的廊是比较"隐蔽"的建筑，一般不会全部暴露

留园模型

于风景的主面上，常常贴水随山穿行于花间柳下，被树丛、山石所遮掩。但是它那又曲又长的连续形体和简朴的造型，却具有一般建筑所没有的曲线美和朴素美。古代造园家亦很注重廊在园中的造景作用，认为廊"宜曲宜长则胜"，这样就可以随形而弯，依势而曲，或蟠山腰，或穷水际，通花渡壑，蜿蜒无尽。确实，园林中多了高低曲折任意、自然断续曲折的廊，也就多了一种风景境界。

苏州留园的游廊设计得奇趣迭起，独步于江南园林中。园林位于阊门外的留园路上，比较喧哗嘈杂，为了使园林山水景区离市街远些，就将主要景区均靠后布置。而造园家突发巧思奇想，利用一段曲廊来作为入园游览的先导，强化了园林的美。游人从大门入，经过一小过厅，便是一个天井，然后就进入一条窄小的廊子，廊壁无窗，光线晦暗，随廊转曲数次，又到了一处小庭院，庭壁种一棵紫藤下置少许山石，是示意性的点题。然后又进入另一条曲廊，又迂回曲折三次才到达园林的第一景——古木交柯。这里，一边透过墙上的漏窗可以隐约看到园中山池风景，一边是石笋新竹掩映下的古树，幽雅的小庭透出了园林的自然气息。然后西转至绿荫小轩，开朗的山池景色才一览无余地摄入眼底。好的艺术品，往往将要表达的主题，在复杂的矛盾中展开，使各部

留园曲廊

分互衬互映。留园进门曲廊的构思，就是利用了激化矛盾的反衬对比手法，欲放先收、欲畅先阻、欲明先暗，从而在新的基础上达到矛盾的统一，以曲廊的暗、塞、幽反衬了园景的明快、开敞，对比效果非常强烈，给游人留下深刻的印象。

进入了园林主要的风景空间，这条廊又成为游人的主要通道，向北可经曲溪楼、西楼去到东部的五峰仙馆；向西经绿荫、涵碧山房后折上假山，成为依界墙，傍着山麓的一条曲折高下的长廊，绕山池一周而接远翠阁进入东部，正可谓"径绿山转，廊引人随"。这种占边置廊的手法犹如下围棋一般，最大地保持了中心山池风景的完整。同时又将各个景点逐一串联在游廊上，从中部到西部、东部，游赏者无须走出廊子一步，便可逐一欣赏到园内各处景致。在这里，廊子已真正成为人和自然之间不可少的联系桥梁。

我国园林中最长的廊是北京颐和园的长廊，它环绕于万寿山前山，东起乐寿堂的邀月门，西至石丈亭，共长728米，有二百七十三间。当年乾隆皇帝别出心裁地在清漪园建此长廊，专门为其母亲孝圣皇太后沿廊散步和观雨赏雪使用。观览暴雨时，水天一色，湖面波涛汹涌；品赏飞雪时，漫天皆白，冰上银絮纷扬。

颐和园长廊

　　从游赏和造景角度来看，这条举世闻名的长廊主要有四大特点：长廊如一条彩带，将万寿山前山各景点紧紧连接在一起，又以排云殿为中心，自然地将风景分成了东、西两部分，便于游人识别；长廊并不是自始至终笔直一根，而是呈一定的自然曲势，游人循廊而游，常常不知不觉改变着观赏的视线，获得更多的风景美享受；廊中夹亭——留佳亭、寄澜亭、秋水亭、逍遥亭四个八角亭分立于长廊中间，象征着春、夏、秋、冬四季，而且又在一定距离之中倚衬和支撑着长廊；除了引导赏景，长廊本身还是一条画廊。当年乾隆皇帝曾派如意馆的宫廷画师到杭州西湖实地写生，得西湖风景五百四十六幅，没有雷同，没有杜撰，全部移绘到颐和园长廊二百七十三间枋梁的两侧。这是珍贵的艺术品，也使得北方的帝皇园林点染上江南山水明秀的气息。

长廊在结构上也有独到之处。长达一里半的空廊，却全无依托、无砖墙的支撑，在建成至今的二百多年间，经历多次狂风暴雨的袭击，但从未被吹倒过一次。长廊还是颐和园中不可缺少的一景，无论从湖东长堤或南湖岛上看，还是泛舟从昆明湖上看，这座建造精美、曲折多变、蜿蜒无尽的长廊的确就是环绕在万寿山前的一条五彩飘带。

园林中另一种较为奇特的建筑是舟。综观我国古园，无论是江南文人私家园林，还是帝王苑囿，均有旱船，其名称多样，有不系舟、画舫斋、画舫、香洲、石舫、清晏舫等，甚至岭南园林也建有模仿珠江"紫洞艇"的船厅。所以舟也成为园林中点缀水景、创造行船游赏情调的主要建筑。园林舟船一般置于主要水面之内，有桥或模拟码头的踏跳板与陆岸联系。舟身均为石砌，船上建筑大多为木构传统式舱房，船首较低，后舱较高，常作二层，有楼梯可通。舟船建筑不只外形较为离奇，与传统厅堂不同，它的设计意念也充满着一种奇趣，要完整地欣赏舟船景，必须要知道它内含的理趣。

我国古代士大夫知识分子历来喜爱欣赏大自然的山水美景，早在先秦时期，庄子就唱出了"山林与，皋壤与，使我欣欣然而乐与"的赞歌。古代流行的静观哲学对士人们陶醉自然、耽乐山水也有不小影响。"致虚极，守静笃"，古人认为，人的良好德行与丰富知识的获得都仰赖于"虚静"，在幽静美丽的环境中修身养性，排除外界的干扰，才能达天地之胜，使人变得聪慧。"钟灵毓秀"这个成语，就是说美丽的山水能培育出聪明杰出的人才。这种崇尚自然美景的思想一点点积淀起来，成为我国古代不可忽视的民族审美心理特征。另一方面，古代有相当部分的文人仕途失意，对现实生活不满，便总想遁世隐逸、耽乐于山水之间，而他们的逍遥伏游，多半需要买舟而往。像陶渊明说的"实迷途其未远，觉今是而昨非，舟遥遥以轻飏，风飘飘而吹衣"，表达的就是文人对舟船特别的感情。李白也有丰富的乘舟游历的经历，他曾写道："人生在世不称意，明朝散发弄扁舟"，"湖月照我影，送我至剡溪。谢公宿处今尚在，渌水荡漾清猿啼"……古代文人往往将自己对山水林泉的怀恋，对仕途的担心，对社会的不满，统统化作对舟船生活的憧憬。

颐和园清晏舫

　　然而，古代的文人士大夫通常又是热心仕途、想要做官的，而且也不愿放弃都市妻儿绕膝的生活。能像李白和陶渊明那样隐逸于山林的毕竟只是少数，于是文人士大夫们便在自己花园的水池中造旱船石舫，来寄寓他们不可实现的理想。这一点，北宋文学家欧阳修在《画舫斋记》中说得很清楚："凡偃休于吾斋者，又如偃休于舟中。山石崷崒（qiú zú，意为高峻），佳花美木之植列于两檐之外，又似泛乎中流，而左右山林之相映，皆可爱者。因以舟名焉。……然予闻古之人，有逃世远去江湖之上，终身而不肯返者，其必有所乐也。苟非冒利于险，有罪而不得已，使顺风恬波，傲然枕席之上，一日而千里，则舟之行岂不乐哉。"看，文中既说明了要模拟泛舟游历山水的风景环境，又抒发了居安思危、退归林下的理想情操，这也正是古典园林舟船建筑景的主要思想内涵。

皇家花园中的旱船就没有这样深的理趣了。如颐和园的清晏舫是古典园林中最大的石舫，"清晏"之名出自郑锡《日中有王字赋》中"河清海晏，时和岁丰"，有明显祈祝风调雨顺、国泰民安的思想。石舫原是明朝圆静寺筑于湖上的放生台，乾隆修园时改为旱舟。船身用大理石雕砌，长36米，船上设中式楼房，每年农历四月初八的"浴佛日"，乾隆都会陪着他的生母在此放生，以表示从善依佛之心。后来旱船被英法联军烧毁。1893年慈禧挪用海军经费修复颐和园时，将它改成西洋火轮的样式，两层木结构的船舱也都油饰成大理石纹样，顶部用华丽的砖雕装饰，反映了慈禧的猎奇情趣。

## 多姿多彩点圜中

有不少古建筑，在它们建造之初各有自己的用途，并非专门为点缀风景而设，但由于奇特的构思、美妙的造型和地理位置的特殊，反而引起了人们的兴趣，渐渐成为当地的一处游览名胜。久而久之，它们原来的使用功能倒被人忘怀了，成为点缀在祖国大好河山中的特殊园林建筑，重庆忠县石宝寨就是其中很著名的一座。

"孑孑玉印山，屹立江水东。天作百丈台，秀削疑人工。"自山城重庆沿江东流而下，至忠县东九十里许，有一座方形孤峰，孑石巍然自长江岸边傲然腾起，这便是远近驰名的玉印山。山形状奇突，清代诗人张船山曾有诗描绘："四山卑卑尽踡（quán，意为蜷曲、蹲伏）伏，顽怪独撑断鳌足。谁拔孤根出地中，非峰非岭峭然秃。共工头触天柱折，要看绝顶平

石宝寨

如截……"如此奇妙的巨石，顶上还有流米洞、泉水洞，所以被当地老乡称为石宝。明末时，有个农民起义军领袖谭宏曾据此为寨，玉印山由此便称为石宝寨。石宝寨所在的玉印山，在唐代就已成为登临游览的胜地，在山的西壁悬崖上，还刻有唐相陆贽手书的题刻。据记载，诗人白居易、杜甫均登过玉印山，清人罗廷宦还撰文并刻石记述此处山水朝暮情景。然而当时仅在山顶建了几间小房，上下无路，仅靠凿石穿壁而成仅能容足的小坎，人称云窝，攀缘自山顶贯下的铁索蹑级上下。直至清嘉庆二十四年（1819年），当地乡人集资聘请能工巧匠，商讨如何取代铁索上山。当时的工匠们曾渡江至对岸，日夜观察地势，研究方案，一日忽见雄鹰绕山盘旋，巨翼展于山水之间分外好看，工匠们由此受到启发，决定设梯盘旋而上，在梯外修筑层层楼阁、重重飞檐。从此游人便可沿梯轴转螺旋而上，再也不用冒绝壁攀缘之险了。现在人称川东第一奇构的石宝寨就是指的这座旋梯耸楼。

从江边到寨楼，要经过一层牌坊，牌坊为石构，三间四柱，只中间可通行人，上刻"必自卑"和"瞻之在前"两面匾额，既作为进楼前的启示，也点出了山的雄伟和建筑的奇巧。一进刻有"梯云直上"的寨门，迎面便是全为木构的崇楼飞阁，依山壁坐落在两米高的石台基上。高楼上下共有十二层，下部九层紧靠崖壁，依山而建，并用支撑构件与山相衔接，层层联结，总高约 35 米，内部设木梯，攀缘崖壁盘旋而上。上部三层稍向后退进，支撑在山顶石台上，突起直耸云霄，原来这里是魁星阁。从正面望去，十二层重檐飞展，翼角腾翚，下宽上窄，层层收缩，形成一座巍伟壮丽的玲珑宝塔，形制奇特，体态动人，瑰丽无比。

石宝寨的屋宇不多，错落起伏并不复杂，但也应用了灵活多样的处理手法，并能破除常规、匠心独运，在布局和造型上形成很鲜明的个性。首先是楼层的布局。寨楼底下九层，以上下交通作为主要功能，实际上是登临山顶必经的室内楼梯间。由于平面逐渐往上缩小，还要考虑留出一定空间供人远眺，所以楼梯位置并不上下对齐，而是有左有右，有横有竖，有直有斜，并适当安排塑像、台座、挂屏等，让梯阶上下穿梭其中，组织得非常自然。为了创造较宽敞的赏景区域，层楼第六层又向北伸展，悬挑出二间栈楼，楼与石崖交错，连成一个整体。第七层南端有出口可通山壁石坎，坎上有铁索垂下，攀铁索曲折爬行亦可上山顶，以满足部分敢冒险游人的猎奇趣味。攀缘途中，可在一石砌平台休息，登临至此真是心旷神怡，极目四望，峰峦叠嶂、波光帆影，景象瑰玮壮丽。

石宝寨的外形处理也极有巧思。重楼虽紧倚崖壁，但各层飞檐都采取了三方四角的处理，使每层出檐都较为完整，檐角处均用斜起的角梁支撑，使翼角高高飞起，使楼阁出檐深远，轻快凌空。如此奇妙的十二层重檐飞腾在玉印山边，把整座玉印山的边缘装饰得玲珑剔透，更加衬托出孤峰巨石的高峻和挺拔。最为奇妙的是楼阁的窗洞装饰。在每层木檐间的木板墙上，无论高低一律开有圆形窗洞，窗洞不设窗扇，直径均为 1.3 米，形式统一。各层又因为面阔不同而安置不同数量的窗洞，二到五层均设三洞，间以方格棱窗；第六层主体为二洞，栈楼亦为二洞；以上各层均为一洞，从下到上，显出明显的节奏感，风格极为协调，而与窗外巉（chán）岩嶙峋的巨石相比，又显得柔和轻快。要是从入川溯流而上的舟船上观望，隔着江上的薄雾烟霭，石宝寨仿佛是天界幻境的仙山楼阁，有一种不可言喻的神秘感。这种大小如一的圆形连续重叠地出现在崇楼杰阁上，胆魄之大，是我国古代风景建筑中的绝唱。

你见过柱子、柱脚悬空的楼阁建筑吗？听起来好像是天

广西真武阁

方夜谭，柱子要承托屋顶重量，怎么离地呢？但聪慧手巧的中国古代建筑匠师确实创造出了这样的建筑——广西容县古经略台的真武阁。真武阁并不是专门用来赏景的园林建筑。在我国古建筑中，"阁"是应用很广的名词，园林中的小建筑可称阁，如留听阁、问梅阁等；名山胜水边的高楼也可叫阁，如滕王阁、崇丽阁等；佛教建筑中也有阁，如观音阁、大乘阁等。这座真武阁原来是道教建筑，祀奉真武大帝。但经过岁月的变迁，这座古建筑已变成容县人民公园内的主要景点，吸引着众多的游人。

真武阁位于古经略台上。据史籍载，唐代诗人元结于大历三年（768年）出任容管经略使，就是驻容州掌管军政事务的官员。为了操练军士、朝会习仪，也为了观赏风景，而建筑此台。台高4米，长50米，宽15米，面对奇峰参天的都峤山，清澈秀丽的绣江萦回于侧，环境极为清幽。明洪武十年（1377年），"建玄武宫于其上"，奉祀真武大帝以镇火神。到明万历元年，又加以扩建，"创造楼阁三层，隆栋蜚梁，斗窗云槛；辇神像，安置仙人"。时移世易，明代所建的道教宫观早已荡然无存，唯有那楼阁三层尚保存完好，这就是被称为"天南杰构"的真武阁。

真武阁内金柱头顶千斤悬空而立

真武阁临江而立，略呈方形，全阁用质坚如铁石的铁黎木建造。阁高 13.2 米，面宽三间 13.8 米，进深 11.2 米。金脊碧瓦的琉璃歇山顶，檐口三层，飞出深远，气势很是华丽大方。全阁有木构件近三千多条，不用一件铁器，密切串联吻合，相互制约、彼此扶持，合理而协调地组成了一个非常稳固的结构体系。最奇妙的是阁的二层中间有四根金柱，虽然承受着上层楼板、梁架和屋瓦面等构件的荷重，柱脚竟然离地 3 厘米，成为天下无双垂直下吊的悬空柱，这是阁中最奇特、最精巧的部分。1962 年梁思成教授专程前来考察，称之为"建筑结构中的一个绝招"。原来，在悬空柱上，分上下两层用十八根枋子（拱板）穿过檐柱，组成了两组严密的"杠杆式"斗拱，杠杆较长的一端挑起重量较轻而面积较大的檐部荷载，而较短的一端则挑起重量重但力量面积小的悬柱、梁架、楼板等荷载，以檐柱为支点，组成很不稳定的杠杆受力体系，挑起了中间的四根金柱。可以想象，当初在设计和施工中，为了使结构各部分均匀对称、受力平衡，所碰到的力学、数学和物理方面的问题一定不少，但最终还是被富有实践经验和技术高超的古代匠师们解决了。

从木构架来看，真武阁恰像头顶大缸、脚踩钢丝的杂技演员那样，看上去甚为惊险吓人，却具有高度的稳定性。在建成以来的四百多年间，它经受了多次狂风的袭击和数次地震的摇撼，安然无恙，始终屹立着，充分显示了我国劳动人民在建筑技术上的卓越才能和智慧。利用杠杆结构建造楼阁，真武阁是独此一家，加上它那出檐深远的琉璃瓦屋顶、纵横交错的如意斗拱、鹤立高台的雄姿，不愧为中国古建筑中一颗光彩闪烁的明珠。

到广西三江侗乡旅行，每到一个村寨都能看到形制特

广西马胖鼓楼

别、飞檐重叠、由下而上依次收缩的宝塔状高耸建筑，这就是侗族村寨的鼓楼。鼓楼和风雨桥一样，是侗族人民的传统建筑，它们以独特的风姿点缀在青山绿水间，极富有民族情趣，也是我国古建筑中的一种特殊类型。其中最有名的是三江县城北 25 公里处马胖村的马胖鼓楼。

马胖鼓楼建于 1928 年，平面为正方形，边长 12 米，高20 余米，底层较高，四周装朴素的木格窗，向上是密密层层的九层檐口，顶部作歇山式收头。重重瓦檐四角均微微起翘，端部雕塑成凤头仰翘的花饰，远远看去宛如群凤振翅欲

广西马胖鼓楼内部结构仰视

飞，优美多姿。每层屋檐要比下层的收进许多，立面上屋顶就成为一个方锥形，变化飞动之中呈现出稳重之态。楼中有四根大木柱，粗可两人合抱，从地面直通屋顶，在柱上穿有梁枋支撑着层层挑出的屋面，是鼓楼的擎天柱。楼内所有木构件都以穿榫相互连接，不用铁钉，互相组合而成为一坚固整体。正厅的板壁上，绘有侗乡风光的精美图案，绚丽夺目。各层封檐板上也绘有侗族特色的卷草花纹。鼓楼是全寨侗人的公共活动和集合中心，在它室内的高处梁架上悬有一面大鼓，悬空一击，声闻四方，凡有大事，头人便登楼击鼓召集村民，若发生山火寨火，也击鼓求援。所以这种造型奇巧而又敦实的塔式建筑在使用上有点类似于内地的家庙或祠堂，而在建筑上也充分显示了侗族人民的审美情趣和高超技艺。

本书图片得到以下专业人士及机构的大力支持，特此鸣谢说明

捷克首都布拉格的建筑屋顶　　　　颐和园仁寿殿
中山公园社稷台五色土　　　　　　北海五龙亭
大同北魏明堂　　　　　　　　　　颐和园清晏舫
北海白塔

以上图片均由董蕾拍摄


天坛　　　　　李雪梅/摄


北京中轴线　　浙江东阳卢宅　　唐长安城模型　　大明宫麟德殿复原效果图
为网络图源


其余图片为汇图网（www.huitu.com）提供版权